情绪免疫

木格 著

江苏凤凰文艺出版社
JIANGSU PHOENIX LITERATURE AND ART PUBLISHING, LTD

图书在版编目（CIP）数据

情绪免疫 / 木格著. -- 南京 : 江苏凤凰文艺出版社, 2020.6（2022.9重印）
ISBN 978-7-5594-4873-6

Ⅰ. ①情… Ⅱ. ①木… Ⅲ. ①情绪 - 自我控制 - 通俗读物 Ⅳ. ①B842.6-49

中国版本图书馆CIP数据核字(2020)第080139号

情绪免疫

木格 著

责任编辑 李龙姣
装帧设计 斑鸠子
出版发行 江苏凤凰文艺出版社
南京市中央路 165 号，邮编：210009
网 址 http://www.jswenyi.com
印 刷 三河市宏图印务有限公司
开 本 880 毫米 ×1230 毫米 1/32
印 张 7.5
字 数 130 千字
版 次 2020 年 6 月第 1 版
印 次 2022 年 9 月第 14 次印刷
书 号 ISBN 978-7-5594-4873-6
定 价 45.00 元

CONTENTS

目录

Part III　用“示弱”收获同理心

Part IV　说“不”的秘诀

Part V　忍耐的力量

Part VI 如何掌握主动权

Part VII 后退是为了更好地前进

Part VIII 幽默也是一种武器

Part IX 从“从众”到“出众”

Part X 恰到好处的炫耀

Part I

让沉默大有可为

每一次沉默都要恰到好处

身为一名管理者，有时候你不经意的一句话有可能会让下属神经紧张，或被当成命令贯彻执行。这时候，你不得不在张口之前反复思量，这句到嘴边的话到底该如何表达，到底有没有说出的必要。一句无心的话，有可能给自己的管理招致无端是非，让自己深陷其中，纠结且欲罢不能，方知悔之晚矣。特别是在是非面前，轻易表态可能不会使得事态降温，反而会火上浇油。

如果你在下属面前急于表现你的责任心，喜欢事无巨细，言无不尽，他们就会依赖并喜欢你的这些“唠叨”，而丧失自己的思考能力。你的这些长篇大论，也有可能使他们把你当成一只只懂叫嚷、走路迟缓的“鸭子”……久而久之，下属会对你的能力和决策产生怀疑，你在下属心中的威信也会一扫而光。所以，建议你在一些场合，不妨学着戴上一副“沉默面具”，就像下面故事中的主角安德烈一样。

愤愤不平时不能成为告密者

身在职场，随时随地都可能深陷在部门、个人之间的利益纠葛之中。身为领导，常常会首当其冲，成为这种纠葛的裁决者。这时你说出的每句话都可能被他人当成利益分配的依据而妄加揣测，稍不留神，就可能给部门或者自己带来不必要的麻烦。

这个时候，你不妨学学安德烈，在两个得力下属的面前故意戴上一副“沉默面具”，沉默的场面犹如给难缠的事态泼了一盆冷水。而安德烈在“沉默面具”后面，冷眼旁观，兵不血刃、轻松自如地牵制了不良企图，达到制止是非继续蔓延，无招胜有招的效果。

安德烈真是一个有意思的人，他和麦希从中学到大学一直是最好的朋友，在麦希眼里，安德烈简直是世界上最幽默的人之一。麦希觉得，就算安德烈和你不熟悉，或许也不认识，那也绝对没有关系，安德烈似乎有一种天生的能力，能让你在认识他之后的三分钟内成为他的好朋友。

他是怎么做到的呢？没错，和许多“乐天派”一样，安德烈十分幽默，他总是滔滔不绝，妙语连珠，非把你逗得前仰后合不可。安德烈似乎有永远都用不完的精力，也有一种特殊的魅力，无论走到哪儿都会聚集一大帮“粉丝”听他高谈阔论。在上大学的时候，他还参加过几次脱口秀比赛，都获得了不错的成绩。所以朋友们断言，这个喜欢说话，又能把话说得很有意思的家伙，将来肯定会去做演员或者节目主持人，然后成为大红大紫的明星。

然而，大家都错了，大学毕业后的几年，安德烈应聘到一家主营销售业务的公司，凭着骄人的业绩，已经连升几级，做到了业务经理的位置。

更出乎意料的是，在工作中，这个能说会道的安德烈，有时“呆傻”得就像一只“闷葫芦”，你还真的不知他这只“闷葫芦”里卖的是什么药。那么，就从麦希见到的这一幕说起吧。

上个月麦希在出差回来的途中，正好路过安德烈供职的那家公司，心想工作方面的事都处理得差不多了，可以暂时给自己放个假了，于是他马上想到了安德烈，和这家伙见上一面，准能让自己满身的疲惫烟消云散，整个人轻松起来。

安德烈果真还是和原来一样，乐观开朗，刚见面的寒暄已经让麦希乐不可支了。麦希拍着他的肩膀说：“安德烈，你的员工肯定很愉快呀，每天都能听你讲这么有趣的段子。”安德烈耸耸肩膀，笑了一下说：“那可不一定啊，你知道工作和生活是截然不同的两码事，所以，必要的时候，我需要在工作中戴上一副‘面具’。”

“面具？”麦希刚想问下去，这时候，秘书打来电话提醒安德烈，他跟业务主管约翰见面的时间到了。麦希刚想回避一下，安德烈放下电话笑着回头说：“你不是想知道什么是‘面具’吗？那就不要离开，一会儿你就见识到了。”麦希兴致盎然地坐在办公室的沙发上，看安德烈到底卖什么“关子”。

在等待约翰的几分钟里，安德烈向麦希简单介绍了约翰见他的原因。安德烈手下有四个业务主管，能力和业绩最好的是吉姆，几个月来，已经签下了好几笔大订单，发展了好几个大客户，多劳多得的吉姆当然也就成了其他三个业务主管的众矢之的。

约翰的业绩仅次于吉姆，能力不弱，但是嫉妒心很强，总想跟吉姆争个高下。安德烈作为领导站在局外，自然什么事都难逃他的“法眼”。他跟麦希打赌说，约翰今天表面上是来汇报工作，但实际上是冲着吉姆来的，不信就看着吧。

不一会儿，约翰进来了，先是寒暄了几句，然后展开文件夹，向安德烈汇报了一下工作进度情况。等到汇报完毕，当安德烈问到“还有其他什么事情”的时候，约翰突然面露谨慎，神秘地向四周看了看，瞅瞅麦希，又瞅瞅安德烈。

麦希马上明白了他的意思，这家伙，原来是在怀疑他是什么人派来的“奸细”吧？还好，安德烈看透了约翰的心思，说：“麦希是我的好朋友，你有什么话，但说无妨，不用有什么负担。”这下，约翰的胆子大了起来，清了清嗓子，走到安德烈身边，压低声音对他说：“我们这个组的进展目前就是这个样子，总体上还是和工作计划相符的，大家都很努力，这也是众所周知的。可是，我听说吉姆那组好像出了一些小事故。”这家伙故意把“小事故”中的“小”字加重了语气，连麦希都听得一清二楚。

约翰边说边偷偷看安德烈的表情，见安德烈不动声色，又接着说下去：“听说上个礼拜，他们和纽瑞斯公司谈得并不怎么样，还因为一个业务员无意间冒犯了客户，使纽瑞斯公司的负责人勃然大怒，真不知道吉姆能不能再次挽回局面。您知道，纽瑞斯公司是我们的大客户，这笔订单成功与否，直接关系到公司本年度的利润增幅，也会牵扯到公司声誉的问题。”

约翰侃侃而谈，先是表扬了自己的部下，紧接着揭发了吉姆的窘境，估计他本以为说到这里，安德烈会给他一个他早就准备好接受的答复——把吉姆的客户转交给自己负责；或者至少安德烈也应该表示出对这笔订单目前进展的忧虑；或者为重视起见，亲自过问一下情况，找吉姆谈谈，给他施加一些压力；等等。

但约翰万万没想到的是，安德烈压根儿就没有接他的话茬儿，一点儿要说话的意思都没有，也不是他想象的那样眉头紧锁，一副忧虑满怀的样子，而是不慌不忙地从抽屉里拿出香烟，叼在嘴里点上，又递给约翰一支。约翰刚想再次开口说话，安德烈站起来，笑着在他的肩膀上拍了两下，还是一句话也不说，转身望着窗外，兴致勃勃地欣赏起了广场上的喷泉。

时间就这么一秒钟一秒钟地过去了，约翰好不容易等到了安德烈手里的烟抽完，急不可耐地上前两步，心想，经理这下总该表态了吧。没想到安德烈又悠闲地点上另一支，坐在椅子上慢慢享受起香烟的美妙。

约翰脸上已经渗出了汗珠，不知是急的，还是有些心虚害怕。麦希偷偷地观察约翰的尴尬表情，差点儿笑出声来；他又观察安德烈，发现他始终不说一句话，微笑着看窗外的风景，极善言辞的安德烈此刻成了一只“闷葫芦”。麦希和约翰一样，还真不知道这只“闷葫芦”里到底卖的是什么药，只好忍住笑继续往下看。在安德烈的第二支烟抽到一半的时候，约翰终于沉不住气了，告别经理走出办公室。麦希看到他边走边擦去头上的汗珠。

约翰走后，安德烈掐掉香烟哈哈大笑，好像憋了太久，他就要窒息了一样。麦希纳闷地问他：“你刚才为什么一言不发，突然间变成了一个‘闷葫芦’？”安德烈止住笑，反问道：“你希望我怎样做？除了沉默，难道还有更好的处理办法吗？”麦希还是没有明白安德烈的意思，听安德烈分析下去。

“约翰的消息并非完全不可信。如果真像他说的，吉姆和顾客之间的关系此刻正在剑拔弩张，而我把吉姆叫过来，证实这个消息是真的，再把吉姆臭骂一顿，然后说‘这笔生意没你的事了，从今天起纽瑞斯公司的客户由约翰来负责接洽’，那么这就行了吗？或许订单是能保住了，但是吉姆肯定会怀疑到约翰头上，他们之间的关系会更加紧张，我等于是公开挑拨下属之间的关系，要知道约翰和吉姆是我手下最棒的两个主管，我不能为了一笔订单毁了部门的团结。再说，吉姆是我手下最出色的主管，让别人来做这个订单，或许还没有让他做的胜算大呢。那样做也就相当于开口表扬了及时向我打小报告的约翰，公开肯定了他的行为，他会把这个消息散布出去，扰乱军心。而且约翰以后还会变本加厉，把更多的心思用在算计同事的内耗上。我可不想那样干，把人事关系搞得复杂难堪，最后受罪的还不是我自己吗？”

麦希点点头，认为安德烈分析得非常有道理，看来他没有及时表态是十分有道理的，但还是有些不解，就问：“既然你不喜欢约翰这样，那为什么没有开口批评他呢？”

安德烈又笑了，说：“麦希，你要懂得领导之道啊，哪个领导不希望下属对自己忠心耿耿呢？不管这种忠心是以何等方式表现出来的。约翰打小报告，确实是有他的私心的，但也从另一个方面带给了我有用的信息，让我知道部门其他人的情况，其实他是在义务充当‘监视器’的作用，这能省去我好多工夫呢。当面批评，只会把他的好意拒之门外，你觉得他以后还会告诉我这些吗？所以，说什么话都不妥！”

麦希恍然大悟：“原来你这样做是为了制约下属之间的权利而达到平衡！呵呵，所以刚才约翰说完，你没有批评他，是不想失去他的忠心；在他的肩上微笑着拍了两下，其实是对这种忠心的奖赏，但是你并没有说出赞许的话，就是要让约翰摸不到头绪，让他不知道你是反对他，还是赞成他的意见，弄不懂你到底卖的是什么药。”安德烈会心地笑了。

为什么话少的人更受欢迎

如果管理者总想在下属面前表现出自己超强的责任心，事无巨细，每件事都要叮嘱多遍，尽管你是担心员工遗忘，尽管你想关怀备至，可是这样的苦口婆心很可能达不到你预期的结果。你要知道每个下属都不是三岁孩童，他们在工作中需要独自思考的空间，你如此事事监管，会挤掉原本属于员工的创造力，甚至会被误认为是在怀疑他们的能力和决断。他们或者干脆把你当成“管家婆”，但心底里并不服气，这会严重影响管理者的威信。如果是这样，你真该使用“沉默面具”，你只要跟我们一起来看一看布经理的改变，就什么都知道了。

布经理是一家小公司的业务主管，要说作为领导的高度责任心，布经理肯定没得挑，一天到晚，忙前忙后，每天都是部门出勤最早的一个，下班后还要加班，简直比普通员工还要累。一个小小的业务主管，为什么会这么累呢？原因就是布经理的管理工作过分繁重了，他“太负责任”了。用他的话讲，就是他“总怕他们没有听懂，或者把什么事情给忘记了”。

这不，部门新招了三个秘书，为了让他们快速融入公司，尽快熟悉自己的工作岗位要求，把本职工作做好，布经理每天专门挤出时间把他们三个人召集到一起进行秘书业务知识的培训，把自己怎样从秘书干起，到做到业务主管的经历和经验进行一一传授。

三个秘书面对主管的热心，既佩服又感动，这让布经理内心生出一种成就感，从此更是滔滔不绝，劲头上来就刹不住车，每次培训少则一个小时，多则三个钟头，讲完一看表，早过了下班时间。散会吧，明天继续。

就这样，布经理看着自己亲手培养的三个秘书的业务能力不断提高，心里真是充满无法言语的满足与自豪。但是直到有一天，他偶然听见这三个人的对话，真是晴天霹雳。布经理万万没有想到，他们会这样评价自己。

秘书A：“我看这个布经理真是能说啊，每次培训都让我受不了，那些陈谷子烂芝麻的东西，翻来覆去，难道他自己就不烦吗？真不知道一个大男人竟然会有那么多废话。”

秘书B：“谁让人家是领导呢，其他老员工也受不了他这么啰唆。你看他还真以为别人什么都不懂呢。”

更难以置信的是秘书C：“我从来都不听他说的话，只是装出一副认真听的样子，眼睛里流露出崇拜的表情，其实看着他讲起话来手舞足蹈的样子，我真想笑呢。哎，天底下竟然还有这号人！”

布经理真是伤心透顶，没想到员工对自己长久以来的一片苦心不领情，还被他们在背后耻笑。他痛苦极了，当晚打电话向好朋友安德烈诉苦。管理高手安德烈哈哈大笑起来：“我说老布，你怎么不知道卖力不讨好的道理呢？借给你一个法宝吧，那就是‘沉默面具’，戴着它，保证你药到病除……”

几个月后，布经理再次打电话给安德烈，状态可是大不一样了。他告诉安德烈，他按照安德烈教他的办法去做，在公司以外的地方他可以和大家谈笑风生；进了公司大门，他就立刻闭上嘴巴，关掉自己的话匣子，更多的是选择了沉默，用眼睛去看，用耳朵去听。除非是非常棘手的问题，以员工个人能力无法处理，他才稍许指点。再也不从早忙到晚，事无巨细了，更多的是把时间和问题抛给员工自己处理。他发现其实不同的人对待同一问题有不同的处理方法，他的员工并不像他担心的那样，很多问题他们都能应对得非常好，而且少了领导的干涉，他们的主动性好像得到了莫大鼓励，工作起来更加带劲了。还有，他把以前部门例会的时间从一个小时缩短到一刻钟，许多长篇大论被砍掉。果断、成熟、高效的办事风格正在帮他重新树立起他在同事心中的形象，他也有更多的时间去思考工作中的其他重要问题了。

布经理说："多亏了安德烈的这张'沉默面具'，才让我在现在的管理位置上得心应手，有信心应对更大的挑战。真没想到，说话太多真是一件费力不讨好的事，什么事情都要讲求一个度，闷一点儿，也未尝不是好事啊。现在，我已经把这张'面具'锁在办公室的抽屉里了，我可是时刻也离不了它呀。现在那几个秘书，对我既有几分畏惧，又满是尊重，看来我在他们心里的形象，真的比以前好多了。"

其实当布经理问起安德烈，为什么说话少的人比说话多的人受欢迎时，安德烈给他说了一个例子："假如在公司的集体会议上，有一位同事滔滔不绝，不断输出自己的观点，而另一位同事三言两语就表明了自己的意见，给别人留出了更多时间，你会对哪一位同事更有好感？"

布经理想都没想，说："当然是对三言两语就能讲完的同事有好感啊。"

安德烈大笑起来，说："这就对了，不光在会议上，在任何场合，这样的人都受欢迎！"

为什么不是我

因为多嘴，艾伦失去了自己奋斗两年将要实现的目标，后悔也来不及了。

在职场之中，你要明白，有时候有人抛给你话题让你开口的时候，其实却是你要斟酌是否该戴起那副"沉默面具"的时候。因为言多而失去的东西是你事后无论如何也没办法挽回的。话多，是浮躁，是不成熟，是应该被扔回大熔炉再次锻造，一旦给他人留下这些印象，以前付出再多的努力也就功亏一篑了。

艾伦是个很上进的女孩，从两年前来到工作岗位起就任劳任怨，希望有朝一日能够得到领导的赏识，晋职加薪。和艾伦一起进公司的还有吉儿，两个人年龄相仿、岗位相同，新人相比，就有了竞争，做起工作来真是一个比一个勤快。谁都知道，最近部门走了一个主管，不出意外，应该会从新人里选出一个作为新一任主管。

艾伦想，论工作能力和成绩，自己年年受到公司奖励，成绩是有目共睹的，能和她竞争这个主管岗位的只有吉儿了。唉，究竟花落谁家，还真不是自己多准备、多想想就能如愿的事，只能听天由命了。

这天快下班的时候，经理把艾伦单独叫到办公室，和颜悦色地说："艾伦啊，你这两年工作很努力，工作能力也有目共睹，这次你们部门要从新人里面选出下一任的部门主管，我想提议让你来担任，想必大家也不会有什么意见。"本来不抱多大希望的艾伦听完此话，真如久旱逢甘霖，高兴得满脸通红，立刻把自己早就准备好的话一股脑儿地说了出来，从部门改革、建设部门文化，再到完成工作目标，侃侃而谈。经理频频点头，表示赞许，最后他笑着看看艾伦，说："你说得都很好，我还不知道你和同事的人际关系相处得怎么样，你都了解他们的优点和缺点吗？比如说，吉儿。"

艾伦正在兴头上，心里的话像涌出闸门的洪水滔滔不绝，不知道是为了和经理进一步交心，还是为了衬托自己的优秀，她把吉儿的一件秘密也说了出来。有一次吉儿和她一起去逛商场，看上一件名牌衣服正在打折，就是少了一枚扣子。促销员拿出几枚衣服上的扣子，说这个必须另外算钱。吉儿立刻就表示出十分不满的样子，和促销员理论起来，声音还越来越大，看起来极其粗鲁的样子，经理听后很惊讶，特意叮嘱艾伦，这件事不要再让别人知道。

从经理办公室出来，艾伦心里很高兴，不禁想象着自己当上主管的样子。她偷偷地看着吉儿默默做事的身影，没准她现在还不知道这个消息呢，到时候还不知是什么表情呢。

几天之后，新主管的正式任命下来了，上面的名字不是艾伦，竟然是吉儿。艾伦闻此，犹如晴天霹雳，半天也没缓过神来。为什么不是我？后来，她才知道那天经理也找吉儿谈了话，告诉她将任命艾伦为部门主管。当问及吉儿对艾伦的看法时，吉儿只简短评价了艾伦的优点，并表示将全力配合艾伦做好分内的事，至于其他工作和生活上的不快只字未提。两相比较，如果你是经理，你也会觉得吉儿要比艾伦有领导应有的宽容和忍耐之量，你也会改变决策，将任命书上的名字改成吉儿了。

艾伦真是后悔不已，悔恨自己当时为什么说了那么多不该说的话，这些话让她和吉儿比起来，真是既幼稚又尖刻。难道她就没有什么小把柄或者小过失被吉儿抓在手里吗？可是吉儿在经理面前的沉默简直就是她最好的反攻，她说了吉儿那么多不是，也绝对抵不过这一句不说的厉害。现在，艾伦终于知道了适当的沉默对一个成熟的人来说意味着什么。

Tips “沉默面具”使用说明和禁忌

一、“沉默面具”使用说明

1. 面对多重问题不走极端

正确使用“沉默面具”，对对方的圈套心知肚明，选择任何一方或者放弃任何一方，都可能会造成一定的损失。泼一盆冷水，让对方一头雾水的时候，无法再拆招施招，不敢轻举妄动，或许就是问题解决恰到好处的时候。

2. 权衡各方面关系，破解对方企图

正确使用“沉默面具”，需要在恰当的时刻，放出一颗让对方难以辨清的“烟幕弹”。因为问题的多重性，“不说”总是比“说”多出一种或几种可能；也避免了“说”后想改却覆水难收的尴尬。

二、“沉默面具”使用禁忌

管理者戴上“沉默面具”的本意是为了在应付那些难缠的纠葛时能更好地解决问题，而绝非故意不置可否，不敢直面问题的解决，从而逃避责任，明哲保身。很多时候不说话，确实是为了避免说“错”话，这种“错”更多考虑的是究竟会给工作带来怎样的窘境，而不是过分为一己私利周旋。简单总结一下，在以下几种场合下，领导不宜使用“沉默面具”。

1. 对忠言建议不应使用

“良药苦口利于病，忠言逆耳利于行。”忠言和良言总是逆耳的，就像好药一样难以下咽。但是要知道，只有及时吃下这样的良药，管理中的病症才会慢慢被治愈。如果管理者在忠言面前依然戴着“沉默面具”，有可能会挫伤谏言者的良苦用心，破坏一个良好的氛围，失去一次走向成功的机会。

2. 重大的是非问题不应使用

在重大的是非问题面前保持沉默，多半是为了避免嫌疑，明哲保身。这个时候的“面具”已经无法掩饰利益的天平向自己倾斜的私心，或许长此以往，失去的会比你看到的还要多。

3. 重大决策前不应使用

商场如战场，战场讲究兵贵神速，商场也一样，瞬间的变化，分秒的迟缓就可能错失良机，等到回过头来时，时机不再，方知亡羊补牢也于事无补。在重大决策面前用“沉默面具”做挡箭牌，只能暴露管理者优柔寡断的弱点，对问题的解决有百害而无一利。

Part II

甜言蜜语是良剂

我们都习惯了在做错事情的时候情愿接受别人的批评。而身为长辈或者管理者，也习惯了只要一抓住晚辈或者下属的“把柄”，就对其肆意展开一番狂轰滥炸的批评。义正词严的说教无非是希望受教者应对他们所犯的错误印象深刻，并且从错误中醒悟，改过自新，然后警钟长鸣。

自古正邪不两立，对错也视同死敌，对犯错的人雷烟火炮、强加教诲已经被奉为正道，成为众人维护正确法则的一条最佳途径。受教者大多垂首站立，毕恭毕敬地倾听。然而，说教者却没有过多考量，那些批评经由对方耳朵传送到大脑，究竟会产生怎样的效果。

管理者有没有感觉到你的员工越批评越犯错，这大概可以分为三种情况：一种情况是受过教训的员工在下次遇到同样问题时会精神紧张，生怕再次犯错，结果加强了心理暗示，反而加剧了错误的发生率，像赵本山的小品那样，变成“我叫不紧张”。

另一种情况是一些员工接受过很多次批评教育后，给自己贴上了“坏员工”的心理标签，破罐子破摔。即使不想犯错，但这种“坏员工”的自我定义兼存“报复性”的心理也会引导他们滑向众人所不愿看到的那一面，这些员工早就把管理者的批评当成了耳边风。

还有一种情况就是员工会在管理者的批评面前产生抵触情绪和逆反心理，从而不服从领导，故意处处与他为敌。

如果管理者在员工犯错误的时候，消除愤怒的情绪，给自己戴上一副截然不同的“面具”，尝试笑盈盈地去赞美，结果或许会与你的初衷殊途同归。美国著名心理学家威廉·詹姆斯说过“人性最高层的需求就是渴望别人欣赏”，这跟马斯洛的需求理论不谋而合，人类最高的需求的确是博得尊重和实现自身的价值。我们都有这种体验，赞美一个人就是直截了当地去承认他的价值，让他找到自我认同的满足感。这就是面对同样的问题，人们总爱捡那些好话听的一种原因。

在员工犯错的时候，适时拿出赞美，对管理者来说，不仅需要宽容的胸襟，更需要掌控局面的智慧。可是犯了错误还怎么去赞美，到底又赞美什么呢？如果你萌生了这样的疑问，说明你已经对赞美这副“面具”开始感兴趣了，也就意味着你有可能把日常管理工作上升到一个新的水平。

本子应用来记录美好

当各式各样的批评狂轰滥炸过无数次后，下属的错误依然得不到改正，管理者会怎么办？有这样一个差劲的班组，人人心猿意马，始终不把公司的宗旨、本职工作放在眼里，他们对付上级的批评可是各有一套，有的干脆充耳不闻，有的点头表示听懂了实则左耳进右耳出。批评在这群有抗体的人面前已经成了被破解的咒语，他们早就“百毒不侵”了。确实，他们成了阻碍公司发展的不合格品，成了负担、包袱，成了管理者的“烫手山芋”。

佟经理和其他管理者一样，每次检查工作时都要准备一个笔记本，把这群员工的不良行为一一记录在案，但是和其他人不同的是，他的背后暗藏了一副不同的“面具”。请注意他是如何使用这副“面具”把这群员工又重新引回正途的，他的手法对你而言是不是“踏破铁鞋无觅处，得来全不费工夫”？

佟经理刚接到一封调令，马上就要调往全公司最差部门做经理了。这事说来话长，去年，作为生产重型机械的大型企业，公司为了扩大规模增进效益，兼并了几家小型同行业企业。本来想把这些小公司的人员和设备重新调配整合为公司所用，但是被兼并的公司有一些员工很难习惯新公司的管理制度，始终无法与新公司文化共融。

公司领导层担心这些人的不良习惯发展成“破窗效应”，影响到其他员工，就把他们整合到一个部门，严加培训，先后调派了几个最严格、最厉害的经理，但都不见有什么起色。这个部门的生产进度依然是最慢的，质量是最差的，员工违纪是最多的，他们拖了公司发展的后腿，真是一点儿办法也没有，公司高层萌生了砍掉这个部门的心思。这些员工好像早就看明白了这点，反正早晚都要被裁掉，索性当一天和尚撞一天钟，一天比一天松散。

许多中层经理，听到这个部门的名字躲都躲不及，大家都知道，这个硬钉子，谁碰上谁倒霉。没想到佟经理找到总经理，主动开了口：“让我去试试吧，他们或许没有大家想得那么差。”总经理似乎有些为难，可能是他不想让自己最优秀的经理接手那个烂摊子，但确实又像佟经理所说，砍掉一个部门对公司的发展没有好处，刚刚兼并的几个公司也很可能会人心惶惶，破坏稳定氛围。最后，他答应了佟经理的请求，就当是对最差部门的最后拯救计划，派佟经理去了那个车间。

第一天，佟经理带着几个副手，仔仔细细地了解了这个车间的生产情况。这里可真不愧被称为最差部门：生产现场又脏又乱，员工们一副冷漠的表情，就连新来的经理前来巡视，也不能让他们打起精神。

佟经理没有说什么，拿出他随身带的小本子，边听现场的生产指挥讲解，边认真地在上面写写画画。他身边的几个副手看到经理这么认真，也掏出笔记本，记录起来。可是写什么呢？到处都是不合标准的现象，如果真要一五一十地记下来，可要长篇大论了。于是，他们趁着佟经理不注意，偷偷溜了一眼他的小本子，原来佟经理记录的果真是那些违反公司规定的错误之处。他记得这么详细，简直就是一本将要清算的“账本”，估计是预备一会儿开会的时候有据可依。于是，几个副手也大书特书起来，准备在会上踊跃发言。

生产现场了解结束，到了开会分析的时候，佟经理的几个副手相视一笑，心里明白，佟经理对待工作一向谨慎严格，刚才又掌握了那么多详细的现场证据，看新来的经理怎么给他们来个下马威吧。

可是等到佟经理发言的时候，事实却出乎他们所有人的预料。他一改严肃的表情，微笑着，说出来的都是这些员工的优点。那些优点，简直就是矮子里拔将军，比如“今天的出勤率超过了昨天的30%”也算在内。其实，今天新经理上任，但凡有点儿工作意识的人都会来露个面，出勤率自然会高，连这个也要算作进步加以表扬吗？

佟经理说得头头是道，一边说一边还不时地看看他的“账本”，好像上面记录的真的都是他发现的优点一样。几个副手面面相觑，不知道经理到底在打什么主意，下面的部门员工也都竖起了耳朵，大为震撼。这可能是他们进公司以来听到的第一次表扬，所以惊讶的表情一时各异。

慢慢地，那惊讶逐渐变成微笑，微笑又变成心悦诚服，不停地点头，有几个还把佟经理说的话都记在了自己的本子上。员工们非常高兴，佟经理讲完后，大家自发鼓起了掌，会议最后，佟经理只提到了一个问题，就是出勤率，他希望明天的出勤率能高于今天。

唉，这也算问题吗？为什么他放着生产规范那么致命的问题不谈，而是避而求其次，谈这些不着边际的小毛病呢？他不可能没有看到，那些可是在他的“账本”上写得清清楚楚呢。难道就是为了最后大家鼓鼓掌，不至于把关系和气氛弄得很僵吗？这好像不是佟经理一贯的作为。

事后，几个副手大为不解，他们问佟经理，到底为什么不按照“账本”上的记录一一把问题摆出来。佟经理淡淡地笑了一下，什么也没说。等到第二天他们再去部门巡视，倒没发现什么两样，只是今天的出勤率真的大大超过了昨天，创下了部门新高。

甜美的东西最治愈

对犯了错或者正在犯错的员工，管理者是高高举起手中的教鞭还是换上一副赞美的“面具”？既然犯了错误，那还如何去赞美呢?

陶行知是我国著名的教育家，在下面的故事中，他对犯错的学生频频施以奖励，最终让学生发自内心醒悟。作为一个管理者，你或许能从陶校长的故事中学会放宽心胸，去发现一个正在犯错的员工身上值得赞美的亮点，去包容他的缺点，给他改过自新的机会。

时任育才小学校长的陶行知正在校园里巡视，见一群围观的学生堵在校门口，他挤进人群。个子又高又大的王友正狠狠地往对面同学脸上甩泥巴。陶校长非常气愤，立刻制止了王友，严令他放学后到校长办公室去。

放学后，王友早早地站在校长办公室门口，羞愧地低着头，一副大难临头的样子。陶校长一改严肃的表情，笑着和犯错的孩子一起走进办公室，随后打开抽屉递给王友一块糖：“你很准时，跟你比，我迟到了，这块糖是奖励你的。”王友还没纳过闷来，校长又递给他一块糖，“刚才我让你住手，你很听话，说明你很尊重我，这个再次奖给你。”王友听了，满脸涨得通红。

这时，陶校长又说：“我刚才调查，你往同学脸上甩泥巴是因为他欺负女同学，说明你富有正义感，同坏人作斗争，你很勇敢，再奖给你一块糖。”这时的王友再也忍不住，“哇”的一声哭了出来：“老师，我错了，同班同学不是坏人，我不该出手打人，您打我一顿吧！”

陶校长依然笑容可掬：“看，现在你自己意识到了错误，还能立刻改正，我把最后的一块糖也奖励给你！”

这是著名教育家陶行知和“四块糖”的故事，它的奇妙之处就是不动兵刃就让犯错的王友主动承认了错误，并且痛下改过的决心。陶校长没有揪着王友打同学这件事不放，而是从调查整件事情的来龙去脉入手，从尊重孩子的个性出发，不是就事论人。很明显，他的出发点并不是让学生承认错误这么简单，而是要他懂得改正错误，真正知晓做人的道理。

企业管理者如果能像陶校长那样，在犯错的员工面前放下高高举起的教鞭，宽容地对待员工所犯的错误，从员工的整体发展考虑，用赞美开启他认知真善美的心门，那么，管理者的身份多少会沾染上教育家的光辉色彩。企业进行人力资源管理，同时也是在培养有利于社会发展的人才，从这一点来说，管理的意义似乎应该有更加崇高的定位。

我们现在来做一个假设，如果陶校长当初把王友狠批狠揍了一顿，事情很可能会这样改变——放学后的王友憋着一肚子委屈，当他再次看见那个让他受罚的男同学，便把怨愤一并转移到对方身上，狠揍对方一顿，结果他因此遭到了更重的惩罚。但他终究不会从心里自愿为这次教训“买账”，于是，恶性循环的怪圈就此形成。

对一个学生或者员工的惩罚很可能会造成一种氛围，使不好的效应“回报”到团体中每个人身上，正所谓“杀鸡给猴看”。相反，如果把赞美和奖励施予一个员工或几个员工，同样也会形成一种氛围，定会福泽整个企业。

可能很多人都听说过一本叫《鲸鱼哲学》的书，书中以一个苦于处理各种关系的管理者为例，道出了人与人打交道的技巧与奥秘。该书曾引起人们的广泛关注，但是作者——美国管理学大师肯·布兰佳——写作本书的契机却很少有人知道。一次布兰佳去观看虎鲸表演，惊讶于体形庞大、生性凶猛的虎鲸为什么能做出取悦于人的各种高难度动作，事后他向训练师请教，得出更加让他惊讶的秘密。

动物也跟人类一样，非常反感错误之后的惩罚行为，而人类又善于发现别人的错误，这样应用到虎鲸训练中便收获甚微。怎样才能令虎鲸这样的庞然大物听从人的指挥呢？训练师独辟蹊径，他们在训练过程中不再关注虎鲸们出错的细节，而是把注意力集中在如何做才能正确地引导它们做动作上，一旦虎鲸达到要求，他们便不失时机地加以鼓励，从而令这些庞然大物俯身听命于训练师的指令。

布兰佳从中领悟到赞美在处理人际关系中的力量，也就是管理学中的“零成本激励”。一句适时的鼓励能够有效激发员工的个人成就感，融洽各种关系，它产生的效能是无法被量化的。

古人讲，“赏莫如厚，使民利之；誉莫如美，使民荣之”。并不是只有批评才能令你的下属改过自新，达到你要的标准，有时候反而会适得其反，反其道而行之。运用“赞美面具”，让工作中各种如虎鲸一样凶猛难缠的员工都俯首听命于你的指挥，难道不正是你所希望的吗？

用赞美掌控情绪

有人因为吝惜一句赞美之词而深陷一场险恶的战争，也有人因为一句机智的赞美而化险为夷。看来，赞美有时真是平息干戈的独门暗器，即使它是凭空编造的，也不要去否定它的意义和作用。因为善意的赞美和善意的谎言一样，是平衡人际关系，助你脱险的良船舟楫。

徐主管在上级领导和手下员工之间左右为难，他想出了一个巧妙的办法，妥善处理各方面复杂的关系，终于得到了各方面的认可，他说这多亏了手中这副“赞美面具”。

徐主管刚刚调到现在这个部门，手下管理着五六个人，他的上级是部门经理，再上一级领导就是公司的副总经理。

上任没几天，徐主管发现一个现象，他手底下这五六个人中有两个资格老一些的员工喜欢摆架子，根本没把他这个主管放在眼里，对他下达的指令也不积极执行，而是故意拖延，好像存心想找碴儿一样。其他几个员工看到这两个人对工作如此怠慢，也都跟着学起来，反正法不责众，看徐主管拿他们有什么办法。

徐主管一打听，原来这两个老员工都大有“来头”：甲是部门经理即徐主管顶头上司的远方亲戚，乙是公司副总经理的同学，因为这层关系其他相关部门的上级领导拿他们一点儿办法都没有。徐主管真是又气又急，气的是他们凭着裙带关系在公司肆意摆谱，带坏了其他员工；急的是部门生产赶不上公司的进度，他的压力一天比一天大。他不能到上级那里反映真实情况，那样极可能会触怒领导，或者让领导觉得他没水平，连自己的员工都搞不定，手下员工如果知道他是个专打小报告的人，以后会更加不尊重他，他的日子就会更难过。

徐主管和这两个员工的关系越来越紧张了，但他又不想得罪他们，以免给自己带来不必要的麻烦，就只好敬而远之。其他员工看到徐主管不敢得罪这两个人，认为徐主管跟其他领导一样，也是一个“软柿子”，对徐主管发布的指令故意不听，跟他作对。

这样过了几个月，徐主管每次在公司开会时都会因部门生产进度滞后而受到批评，徐主管很委屈也很憋闷，真想辞职不干了，犯不上为了这种人毁了自己的前程。但是转而一想，如果因为此事申请调到其他部门，其他部门同事也会看不起自己，同样的事还会发生。逃避解决不了问题。他辗转了一整夜，终于想出了一个好办法。

第二天开完会，虽然刚受到批评，他还是一副笑盈盈的样子跟迎面走来的员工甲打招呼。甲很惊讶，因为平时徐主管对他可是敬而远之的，怎么今天这么热情？他没有理会徐主管，依旧朝前走，心想，这下主管该气坏了吧。没想到徐主管依然笑容可掬，追上前来说：“你知道今天部门经理跟我说什么了吗？”一听他提到了部门经理，甲来了兴趣，马上停住脚步，听徐主管说下去。“部门经理跟我打听你了，还说你是老员工，经验丰富，技术又好，是个难得的人才，让我们团结一致，把部门生产搞上去。”甲听了以后，脸色红一阵青一阵，愣了一会儿，默默走到岗位上干起活儿来。徐主管一看自己初战告捷，这套溢美之词果然见效。

接着，他又走到员工乙的身边，悄悄地说：“我今天开会见到副总经理了，他文韬武略，真是一个不可多得的管理人才，我真是佩服他呀。他还让我转达对你的问候。”乙一听徐主管的话，果然激动起来，抓住他的手说：“他真的要你问候我吗？”“对呀，你说副总经理人这么好，我们是不是应该把生产搞上去，为他分忧？”乙高兴地回应了徐主管的提议。

随后的几天，部门的气氛确实发生了变化，甲和乙不再消极怠工，其他人一看形势变化，不敢再有所怠慢，进度赶上来了。徐主管得到了上级的表扬，他又把这种表扬适当地传达给手下的每一名员工，还拿出自己的奖金请大家吃饭。

徐主管发现，不但整个部门工作现状有所改观，他和员工的关系也慢慢变得融洽了。下属并没有他想的那么糟糕，他只是换了一个角度试着去欣赏他们，发现下属的优点还是很多的。

有一次副总经理见到他，拍着他的肩膀说：“老徐，你干得真不错，我听我的同学乙说，你非常配合公司的决策，你们部门的员工也很团结，干劲儿十足，这都是你的功劳啊！”徐主管一边微笑，一边想到了他对乙说的那几句话，笑得更开心了。

就这样，一句赞美之词，在徐主管处理和下属员工以及上级领导的关系上起到了“润滑剂”的作用。他现在虽然和自己的员工相处得非常融洽，感情就像兄弟一样，但是，他还是不想把那个秘密告诉他们，只是想到的时候，自己会偷着笑一会儿。

Tips：“赞美面具”使用说明和禁忌

一、“赞美面具”使用说明

1. 出其不意，掌握对方情绪的转折点

在职场中，赞美常常让人获得出人意料的效果，让对方早有的防范瞬间瓦解。试问谁不爱听好听的话呢？况且是长久听不到赞美声音的“最差”的人，有人肯为他们揭去“最差”的标签，他们肯定会惊讶地“愣”在那里。

“赞美面具”能让我们轻易地了解和掌握对方情绪的转折点，将其慢慢引入自己控制的范围之内，并使自己获得主动权。

2. 赞美的事情是“子虚乌有”

运用“赞美面具”取胜的关键是赞美之事并不完全存在，而仅仅是你期望的标准，相当于是对着问题在说答案。

他这样做不好，那么你就告诉他怎样做是好的，对他已经做出的不好的行为绝口不提，只是给对方假设了一个预期，给出了一个标准，告诉对方怎样做才是值得赞美的。这就是管理学上的“以目标为导向”的管理方法。

当对方觉得这种赞美是悦耳的，他们就会朝着这个标准更好地努力，争取名副其实。想一下，这种方法跟一直揪着他们的缺点死死不放、逢会必说、逢说必批的说教比起来，哪个更好用，这是显而易见的。

另外赞美能将外力转化为内因。所谓外因是关键，内因是根本，再怎么苦口婆心，最终抵不上发自内心“想做”的重要。戴起“赞美面具”，最终达到了开启对方积极内因的效果，真是谈笑间，兵不血刃。

3. 赞美之后只指出一个急需改进又能立竿见影的问题

谈话中，彼此最怕听到的就是“但是”这个词。通常“但是”之前是一堆捧场美文，“但是”之后可就是万丈深渊了。因为“但是”之后的内容，才是谈话的重点，它会完全否定开始那套漂亮的开场白，让场面尴尬难堪、无法收拾。可是，怕归怕，很多人特别是管理者，在跟员工谈话的过程中，好像极其青睐“但是”这个词，因此在谈话之后，员工记住的都是“但是”以后的内容，都是那些锥心刺耳的批评。

可是，作为管理者的你有没有想过，你列举了员工那么多不是，很容易激起对方的抵触心理，而且问题一多，会使对方抓不到重点，能记住的批评会非常有限；能付诸行为，愿意加以改正的，恐怕更是少之又少了。特别是对一些屡教不改的极差员工，管理者满腹的教育批评，又何异于一堆对牛弹琴的“无用之词”呢？

本节中聪明的佟经理没有冒对牛弹琴的风险，他把赞美的成分无限夸大，让对方相信他这次是真的在由衷地进行表扬。最后只提出一个问题，一方面再次表明赞美的真诚，使后面的问题不至于破坏前面和谐的氛围；另一方面也是为了强调这唯一的一个问题。倾听的员工会因为最后的问题少而精，更愿意用心记住它。

那么，这一个问题，到底提什么好呢？致命问题对于最差部门来说不是没有，而是提了也不见得在很短的时间内会得以改进。新经理要的是立竿见影，是要让员工们能够迅速树立起步入正轨的信心。这种动机，才让戴着“赞美面具”的佟经理把出勤率这个最简单的问题摆到了台面上，也就会让员工们感觉到，新经理的赞美是有道理的，他们确实能够做到这一点，而结果也果真如他所料。那么，第二点中提到的那些子虚乌有的事实，真正做到就指日可待了。至少现在员工都愿意相信这一点。

二、“赞美面具”使用禁忌

1. 说好话不等于奉承

稍不留意，赞美就可能会蜕变成奉承。奉承是带有贬义的，奉承是逢迎，是恭维，总是夹杂了一些不可告人的企图。而我们所说的“人格面具”却是正向的，是为了营造和谐的人际关系，是为了尽快解决问题，是人格成熟的表现，是为了使对方接受自己，使工作更加愉快地开展。提起阳奉阴违的人，我们往往是唾弃的；但是懂得赞美的人，我们会说他因为“赞美别人”，而成为最“值得赞美的人”。

2. 赞美和奉承之间还有一个明显的区别——是否发自真心

不要故意夸大对方的优点，评价别人的优点时态度要认真，让对方感觉到你的真诚，唯有真诚才最能打动人。有一个老板工作之余喜欢写诗，但写作水平一般，这一点连老板自己也心知肚明，可是有的员工为了讨好老板，奉承地说：“您当初没有做一个诗人，真是文艺界的一件憾事。”老板马上意识到这是奉承，不高兴地说：“你是说我不应该从商，管理工作做得一塌糊涂，还不如写诗吗？”这样过分的溢美之词真是一下撞到了枪口上，脸上的“赞美面具”，在对方眼中立刻变成了奉承的丑相。

Part III

用“示弱”收获同理心

我们从小就被鼓励要做奋进争胜的强者。和否定失败一样，弱势从一开始就被归结到反面教材里，使我们错误地认为只要是弱势的，就注定是没用的，注定是要不得的。只能看到处于弱势的别人，不能容许不强势的自己。

自然界和人类社会充满了辩证法。老子曰“有所为，有所不为”，孔子说“一张一弛，文武之道”。示强是张，示弱是弛，有张有弛，才能使你的职场行为伸缩有度，具备强劲的韧性。

身在职场之中，如果你不懂得弱势也是一门靠得住的哲学，甚至比强势更能收获积极的效果，那你注定要在有限的空间内四面碰壁，直到鼻青脸肿，这时才不得不停下来听听示弱这副“面具”的功用。

弱势谈判，是利用心理学中同理心的原理，循循善诱；弱势管理，是有效的柔性管理的权变手段。自然中处于弱势的生命，更是战胜物种进化挑战，明哲保身，千万年以来得以延续。弱而不弱，一把软骨头照样能拼出硬道理，这就是“示弱面具”将要带给你的。

你要学会循循善诱

作为群体当中的个体，我们都有这样的经验，看到比自己弱小的人或事物，总是会把对他（它）们的情感移情到自己身上，不自主地替对方着想，即通过对自己的认识，反观他人，从而生出对眼前人或事物的理解和同情，心理学上称之为同理心。

同理心发生的原则之一，是以别人的角度看问题。反过来，如果我们现在有一份十分出色的策划案，值得合作方放下架子，静下心来好好思考一番，而对方的谈判代表并不如我们想象的那样平易近人，主动权不在自己手上，你也不可能从气势上打压对方，那么如何让对方放低姿态，使问题得以解决呢？

对，不妨戴上示弱这副“面具”试一试，既然他要的是你的低姿态，不妨就依据对方开出的条件，放马过去。不要在意这种迁就和谦卑，要知道代价可是撼动对方的铁石心肠，迫使他在不知不觉中“屈尊”，比起这个损失，这点儿委屈可算不了什么。

“示弱面具”并非一味地在对手面前唯唯诺诺，而是攻防结合，用以防代攻的兵法之道，使对方一路听着赞美的歌声，而你则取得了想要的结果。如果你还是不太明白个中奥妙，那就看看欧阳的谈判经吧。

YU 公司主管公关的副总经理欧阳绝没有一副和善可亲的好脾气，公关部门向来是整个公司的脸面，平时做足了场面上的功夫，人前也是端足了架子。欧阳能力出众，谈判素以强势著称，对待工作也是一丝不苟，对待下面的员工更是坚持“法治”，一旦让他抓住“尾巴”绝对不会手软，就连总经理都要让他三分。俞文是公关部门新招进来的经理助理，还没跟欧阳打过几次照面，只听周围风声，就已经对这位强势的上级胆战心寒了。接下来的几次接触，欧阳以其不苟言笑的作风，和对出问题、犯错误的下属铁面无私的处理，让俞文在心里把他尊为高高在上的“神”，并偷偷奉上绰号——“紫面阎罗”。

接下来，公司公关部门接到一个大项目，鼎鼎大名的 HX 公司将有项目与 YU 公司展开合作，双方谈判安排在下个星期一。HX 公司财大气粗，属业内的“太上皇”级别，项目负责人老 K 有“铁血宰相”的称号，向来是在谈判桌上不给对方留一点儿面子。相传一位素以脾气温和著称的公司老总在跟老 K 谈判中拍案而起，骂了几句不着边际的粗话后拂袖而去。

HX 公司这次派出老 K 来和 YU 公司谈判，誓死要把价格压到最低。YU 公司若是不想合作，自然有人放低价格找上门来合作。俞文在搜集 HX 公司和对方谈判人老 K 的资料时，心里暗暗盘算，不知道“紫面阎罗”和“铁血宰相”相遇，哪个会占到上风，就好比武侠迷心中总期待成龙和李连杰两个动作巨星哪天好好比试一番一样。俞文心中对这场谈判的期待因为他这点私心，显得更加激烈了，又不禁骂自己，不为公司的风险考虑，眼看就将面临一场恶战，自己反而幸灾乐祸。

当俞文把整理好的材料交到欧阳手上时，欧阳朝他不同寻常地笑了一下，随即问他，就对方资料来看，HX 公司的弱点在哪里，YU 公司胜算的把握又有多大？俞文被欧阳突如其来的和蔼一笑弄糊涂了，想都没想就冒出一句：“HX 公司确实是业内大腕，老 K 又强势得很，看来我们这次是命悬一线了。”

欧阳继续笑道：“你的意思是我们没有扳倒时局的机会了？”

俞文知道自己说错了话，赶紧捂住嘴巴。欧阳倒是轻松自如地拉开抽屉，取出一副塑料面具，拿在手里对俞文说：“你说的没错，老 K 的强项在这里，或许这就是他的弱点所在。下星期一，我们都需要一副这样的‘面具’。”

俞文惊讶不已，难道欧阳要戴着一副面具去谈判吗？严肃的谈判席可不是万圣节的化装舞会，成何体统呢？他不经意又说了出来：“这样做不好吧，对方会怎么看我们？”

欧阳从脸上摘下“面具”，在手里扬了扬，依然笑着对俞文说："这个'面具'的名字，叫作示弱。"

这段时间，整个团队团结协作，精心准备，欧阳特别嘱咐大家，HX公司是不同于以往的谈判对手，要大家一定沉得住气，一切行动，都要听他一人指挥。

终于等到了谈判那天，HX公司的谈判代表颐指气使，老K果然是传说中的"老太岁"，一副谁敢在太岁头上动土的架势，一上来就对YU公司的策划方案横挑鼻子竖挑眼，指出一堆毛病，接着就数落YU公司实力太差，根本没能力应付这样一个大项目。YU公司代表果真被他打压得士气大落，一个个低垂着头，憋了一肚子闷气。

俞文低着头，偷偷看旁边欧阳的表情，心想"紫面阎罗"今天是不是睡着了？以其惯常作风，岂容对方如此挑肥拣瘦，早就该发作了。可是欧阳却低眉顺眼，一个劲儿赔着笑脸，老K说一句不是，欧阳就点一下头，很诚恳地用笔记录下对方挑出的缺点，还不时凝眉思考，在策划案中圈点标记，像个认真听讲的小学生。

俞文简直不相信自己的眼睛，这哪像平时喜欢训人的欧阳呢？老K的问题中有很多是无中生有的，很明显，他是有意抬高HX公司的声誉，贬低YU公司，以此杀出"血价"。言外之意就是"我看你YU公司还能忍多久，要不就承认羞辱，接受我们的杀价要求，要不就拍拍屁股走人算了”。说实在话，俞文都要忍无可忍了，可欧阳依然泰然自若地坐在那儿，听老K唠叨个没完。

好不容易挨到了茶歇时间，双方中场休息，气氛才算缓和下来。欧阳早就让人摸透了老K的口味，特地托人买了正宗的热带水果，老K吃得很高兴，估计更痛快的是刚才如入无人之境的爽利演说。

在下半场的交涉中，老K很快就发现自己无话可说了，因为上半场进行得太顺利了，YU公司的代表几乎一点儿障碍也没有给他设置。欧阳清清嗓子，开始就老K提出的批评进行解答。他始终微笑着，抱着谦和的态度，即使是老K那些无理取闹的纠错，他也拿出十二分的耐心和证据进行解释，把准备工作中做出的努力一一展现了出来。每个看似无懈可击的回答完毕之后，必加上一句征求对方意见的话“您说对吗？”或者“您看这样去做行不行？”遇到对方的发难，不知道怎么解答时，干脆直接说：“请您赐教，我们将全力改进。”

这是欧阳的结束语：“没错，YU公司实属业内小卒，能和HX公司这样的大企业合作十分荣幸，我们抱着学习的态度，即使合作不成功，我们也将学习到HX公司的精神，并将此化为YU公司的改进动力。HX公司之所以有今天的伟业，想必也经历过像YU公司这样小的规模和不成熟的环境，做公司不容易，希望各位能体会YU公司现在的诚意。和HX公司相比，我们的策划案不可能百分之百完美，但YU公司愿意经受各位的检验……”

简而言之，欧阳的意思是先表达了一番“小弟”对“大哥”的敬仰之情，如滔滔江水一发不可收拾；再者，也请“大哥”考虑一下“小弟”的难处，“小弟”不才，愿意向“大哥”看齐，还请“大哥”多加相助。

这番声情并茂的话说完，对方代表沉默良久，可能是没有想到一向老辣的欧阳竟能如此谦恭，然后纷纷私语交换意见，脸上没有了刚才骄纵的凶蛮气。本来欧阳对问题的认真解答已经无可挑剔，一番小公司成长中的艰难不禁勾起了老K他们对曾经相似经历的回忆，又给老K刚才的刻薄搭了一个台阶：“小弟”良苦用心至此，“大哥”还怎么下得了手！

谈判最后，双方达成了合作协议，而且价格并不是HX公司原来坚持的最低价格。这个项目，欧阳就这样拿下来了，并且更值得庆祝的是，他以虚怀若谷赢得了老K的赞扬，给“铁血宰相”老K留下了很好的印象。

“我把相同的话对其他谈判方讲，他们不是吓得卷起草稿纸溜掉，就是恶语还击，禁受不住一点儿考验。对我们来说，合作方存在弊端没关系，我们有义务协助你们做好将来的工作，HX公司在发展过程中也经历过很多风雨，但正是因为具备你们现在这样的心态才越走越好的。预祝我们合作成功！”老K真诚地说。

与其强势不如四两拨千斤

身为一个职场人，没有人愿意别人笑话自己不够专业，所以，我们习惯了在必要的场合一展身手，展示专业之长，哪怕有卖弄之嫌；并且认为突出专业的强势，是提升职场业绩、争取最大效益的有效途径。譬如你是销售人员，试想哪位顾客愿意跟不懂行的销售员打交道？销售之战，在一定程度上就是价格战，直接关系到企业的效益。在众多的同行业产品中，更专业意味着更高的价值，销售人员往往更喜欢以自己强有力的专业介绍和谈判方式，在博弈中压倒对方，使价格天平向有利于自己的一方倾斜。

在公司公布的专业知识考评成绩单上，苏佩和魏建的成绩不相上下，但是在另一份销售记录成绩单上，苏佩却远远落在魏建后面，这让他很不服气。论专业知识和客户渠道，他一点儿也不输给魏建，可是为什么在最后，拿回的订单没有魏建那么多呢？魏建腼腆害羞，和陌生人说话时甚至还会脸红，这可是销售人员的大忌，魏建到底凭借什么胜过了自己。

苏佩和魏建同是一家重型机械器材销售公司的业务员，公司的主营业务就是把重型机械组装应用的钢铁成品和半成品直接销售给购买厂商。因此，公司业务员每天打交道的无外乎是拖拉机、起重机、推土机毛坯、成品或零件的采购员。这些采购员的脾气也和毛坯钢锻一样，又强硬又粗糙，要压住他们的士气，必须有比他们还要强的业务知识、市场信息，还要有更强的信心和底气。

一笔笔生意往往是在一场场唇枪舌剑中谈成的，双方互相打压，谈判可真像一场战争。苏佩在这一点上绝对有信心不输给公司任何一个业务员，几年来的摸爬滚打，让他练就了一副大嗓门和一身过硬的业务本领，不免在客户和同事之间有点儿心高气傲。总之，谁想在他面前把客户抢走，那绝对是没门的事情；哪个客户想在他面前把价钱压过底线，更是不可能的事情。

苏佩在这一年中谈成了好几笔大订单，自我感觉良好。年底公司评优时，他认为“金牌业务员”肯定非自己莫属。没想到年终评优时，比自己晚一年进公司的魏建竟以领先自己一倍的业绩被公司授予“金牌业务员”的称号。苏佩在不服气的同时，开始暗自注意魏建，观察他平时的工作。

乍一看，魏建是个腼腆的小伙子，穿着干净利落，见人还会脸红，说话前总是一副笑盈盈的样子。苏佩暗暗纳闷，因为合作方的采购员多数是大大咧咧的大老粗，在打价格战时蛮横得毫无道理可讲，总是在鸡蛋里挑骨头，好多时候条件已经谈妥，但在最后签订合同时，他们会无缘无故反悔耍无赖，直到你同意降价为止。腼腆的魏建和他们相比，显得处处都处于劣势之中，他是怎么赢得对方好感的呢？

有一次，主管把一个比较难搞定的大订单分配给了苏佩和魏建。苏佩曾多次和对方的这位采购员打交道，深知这可是个相当难缠的角色。有好几次，条件谈妥，在签合同的时候对方突然出尔反尔，摆下迷魂阵，再想回过头去找其他买主，时间上已经不允许，逼得你实在没有办法，只能低头答应他的条件。苏佩为此吃尽了对方的苦头，他真想马上知道，魏建将用什么办法来对付这位难缠的采购员。

在和对方接触的过程中，苏佩发现魏建自始至终是一副笑呵呵的文弱表情。遇到问题，他不是滔滔不绝地把来龙去脉讲清楚，在气势和理由上占据上风，而是在对方诉说的过程中，面带微笑，认真倾听，只是在对方不明白的地方，插上几句话，把问题解释清楚。苏佩发现，这样有一个极大的好处，对方即使是脾气再暴躁的业务员想发脾气也发不起来。所谓伸手不打笑脸人，再说，吵架这种事，总是一个巴掌拍不响。对方采购员好像很买魏建的账，一见到他，脾气就转好起来。

苏佩注意到，和其他业务员强硬态度最大的不同是，魏建在对方面前的弱势往往转化成了他的优势。遇到摩擦时，高大蛮横的采购员在文弱的魏建面前反而失去了一贯的专横跋扈，这可能就是所谓的四两拨千斤。

价钱谈得比较顺利，双方很快心平气和地准备好了合同，可是这位难缠的采购员对好脾气的魏建好像并不甘心，又在签订合同的前几分钟使出了惯用的“伎俩”，提出在谈好的价钱的基础上再低三分之一的无理要求。看得出来，对方采购员底气很足，好像在挑战魏建好脾气的底线，而他自己早就准备好了吵架的言辞。

“刘主管，您的这个要求太突然了，我不知道怎么回复您。”魏建红着脸，勉强笑了一笑，好像强忍住了身体某处的剧痛一样。双方沉默了一分钟左右，被称作刘主管的采购员依然没有找到发火的理由。魏建又一次腼腆地笑了，却故意装出豁达的样子跟对方开玩笑：“哈，看来我这个月的奖金是休想拿到一毛钱了，答应陪爸爸旅游的机票也打水漂了。唉，生活真是很无奈。”魏建如此坦露心思，就连一旁冷眼旁观的苏佩都没有想到，再看刘主管，脸上一阵红一阵白，最后只能跟着魏建呵呵笑了起来。

人都有同情弱者的心理，苏佩后来分析魏建当时的这句话，正是这样两句看似抱怨的牢骚，几句失败者对胜利者的诉苦，激发了对方的同情心。凡是做过业务员的人都知道平时工作的辛苦，为了拿到不错的业绩，可能双休日都在努力加班，抽出时间陪伴亲人成了大家难以实现的共同愿望。此时的刘主管，虽貌似占到上风，但他的心已经开始被处于弱势的魏建打动了。

魏建又把话题扯到自己身上，把一段时间以来如何辛苦地考察市场，如何准备和对方合作的过程如实相告：“您看，这一番辛苦过程，其实真像在锻造一块钢坯，所以您刚才提到的质量问题，真是多虑了。在相同一件事情上，我们比同行业厂家多做出了那么多的努力，您说我们的价钱改到多少合适呢？”

定价完全是卖家的自主权，魏建却用商量的口气征求对方的意见，貌似谦恭和善的口吻，却是给对方一个合适的台阶下。再无礼的采购员，也会明白，事已至此，道理已经被魏建全部摆明，自己已经没有什么借口翻案了。事实上，刘主管也心知肚明，价格已经十分合理，自己的行为分明是在挑战对方的承受底线。一旦对方强有力地进行反驳，他可能早就想好了要无赖的应付方法，但是面对不会反抗、只会红着脸赔笑的魏建时，他的脾气也强硬不起来，准备好的一通雷烟火炮也不知道丢到哪里去了。

苏佩茅塞顿开，原来魏建的成功正在于他脸上那副文弱的表情。在频频向对方示弱的过程中，难道他就真的是处于弱势吗？

首先从业务水平上说，虽然魏建在跟对方交谈的过程中说得少听得多，但这并不说明他对业务的熟知程度比不上对方，他只不过是在利用倾听的过程搜集疑问中的破绽，然后一针见血，让问题迎刃而解。而且这和其他销售人员得理不让人的做法相比，充分显示出对对方的尊重。

再想想谈判过程中，眼见形势不妙，魏建敞开心扉，向对方倾诉的那一番看似与谈判主题无关的心里话，则是认真研究过对方的心理特点，了解到他们一贯的作风，明白石头碰石头不会收到预期效果，所以才以柔克刚，利用心理战术，赢得了对方的帮助与信任。

还有，魏建脸上自始至终的微笑，即使在谈判要崩裂的时刻也没有消失。微笑拉近了心与心的距离，以至突破了对方最敏感的心理防线。

谦逊是最好的表达方式

作为一个组织中的最高管理者，尽管集各种“生杀予夺”大权于一身，但是这种权力并不是随便能使用的。你要知道，一个企业就是一个小型的社会集团，许多关系对权力的实施构成了错综复杂的制约和束缚，稍有不慎，就会适得其反。当管理者一个人的力量对抗一个团体的势力时，手中的权力再大，也只是空有一副架势，直来直去的方法只会激化各种矛盾。你必须承认权力的先天不足，既然处于对抗的弱势，就没有必要硬撑，一副示弱的“面具”是你平衡各种关系、强化管理的有效手段，我们不妨称之为弱势管理。

弱势管理的实施在企业“空降兵”身上总能找到最好的例子。李厂长就是这样一位前没有支持者、后不见拥护者的“空降兵”，在有着数十年历史、约500名员工的老公司，且看他是怎样整治制度、树立威信的吧。

李厂长是集团公司最近派入分公司的领导，来公司还没一个月，人生地不熟，他的感觉就是自己仿佛乘着降落伞，从高空降落到这个已经有数十年历史的新环境中，身边没有一个熟悉的人，全都是陌生面孔，就是光熟悉公司将近500张面孔，都得用上几个月，就更别想着新的指令出台能立竿见影了。

李厂长现在的心态是典型的“空降兵”，从一个环境空降到另外一个新环境后，虽然被授予至高无上的权力，但是因为形单影只，孤军奋战，又加上团体固有文化和氛围的限制，所以他感觉行使职责受到许多约束。

经过一个多月的观察，李厂长发现这家公司的企业文化中有个很显著的特点，就是人情味儿十足，大家都在讲情面、好面子。在相当程度上，是情面维系了这家公司十几年的成长历史。情深义重是好事，但是当感情遭遇纪律时，如果感情泛滥，一旦压过硬性纪律，原则的堤坝就会被轻易冲毁，标准难以树立，法纪无法执行。睁一只眼闭一只眼完事，大家你好我也好，省得撕破面子都不得安生。这样的文化培育出来的人都是“老好人”，害怕得罪人，也不想自我承担，发现问题只会遮遮掩掩，不然就是互相踢皮球。正因为缺失铁的纪律，导致公司管理、经济效益长期停滞不前。

其实各级领导也意识到了这个问题，曾制定了不少看起来卓有成效的规章制度，但是除了悬挂在墙上、写进员工手册之外，真的很难落地。各级管理者更是优哉游哉，上面没有压力，他们才犯不着得罪人。可是说到上级，作为初来乍到的最高领导，李厂长深知周围形势真是不容乐观，推行这些制度对自己来说真是一个很大的挑战。

李厂长决定抓住重点，只把权力的实施对象圈定在对厂长直接负责的管理层上，借助公司管理层的影响力，层层传递自己的意思，可以达到以“弱”制强的预期目的。李厂长隐藏锋芒，等待一个绝好的时机。有一天早上刚下过雨，吃完早饭，李厂长不经意走到公司大门口，发现已经到了上班的时间，门口依然还有稀稀拉拉的人走进走出。有几个人还边走边说笑，悠闲得就像在逛公园一样，根本就没有上班的紧迫感，更没有因迟到而感到难堪。随后他去各个车间查看，发现整个公司真正到岗的人还不到一半。那些到岗的员工聚在一起聊天说笑，直到周围的人都来得差不多了，大家才懒洋洋地回到工位上，可是没干一会儿，吃午饭的时间又到了。

李厂长压制住心头的火气，暗暗调查，才知道原来这个城市多雨水，每逢下雨，员工就会迟到早退，理由是交通不方便，路不好走。迟到几分钟好像情有可原，各个部门负责人也身处其中，沾了雨天的光，觉得这个理由还真是沾上了“人性化”的意思，就没人去管了。久而久之，这就成为公司一条不成文的规定：下雨天，迟到早退是正常现象，公司的考勤系统就这样被几场雨水给彻底搞垮了。

李厂长觉得，从整治考勤系统这件事情上下手，或许是自己的新工作方法开始展开的一个契机，但是怎样才能想出一个既符合企业文化，又卓有成效的万全之策呢？他思考再三，最后终于想出了一个好办法。

一天早上起来，天阴沉沉的，又开始下雨了。李厂长早早吃了早饭，穿上正装，让秘书召集所有高层领导，上班前10分钟，务必身着正装，在公司大门口集合。那些还在睡梦中的各级领导，接到上级的通知，摸不准什么意思，都赶紧爬起来，按照李厂长吩咐，西服革履，急急忙忙往公司跑。还好，上班10分钟之前全部到齐，在大门口集合完毕。

李厂长笑容可掬，先向大家道歉："下雨天，把各位急急忙忙召集起来，真是抱歉，但是想到公司上下500名员工，同样需要冒雨前来公司，赶生产赶进度，身为厂长，我十分感动。今天召集大家前来，只有一个目的，就是代表整个集团公司，代表整个生产系统，向全体冒雨来公司上班的员工鞠躬致谢。"听完李厂长这番话，所有的高层领导都愣住了，但是都想看看接下来，李厂长到底会怎么做。

公司大门口的时钟敲过8下，上班的时间已经到了，居然还有很多人没有来上班。几分钟后，有人陆续走进公司大门。进门的员工刚探进头，就被这阵势吓住了，还以为今天有领导来视察，自己挡住了领导的路，边往旁边让路边扭头往身后看。

李厂长拉过一位员工的手，满面笑容地说：“欢迎来公司上班，下雨天您能遵守时间来上班，真不容易，辛苦了。”说完深深一躬，身后领导见厂长如此动作，全部深深鞠躬，走上前和进厂的员工握手。这位员工和其他走进公司大门的员工激动得不知所措，自己明明已经迟到了，厂长还要这样说，真没想到新来的厂长这么有人情味儿，便羞红了脸。

所有员工的情绪都很高涨，到处在谈论他们的新厂长如何亲民，如何尊重员工。可是当李厂长率领大家欢迎完最后一位进厂的员工时，已经接近吃中午饭的时间了。李厂长饿着肚子带领高层领导回到会议室，连续召开会议。

先是分析考勤纪律的缺失给公司生产造成的影响，以当天早上为例，事实有目共睹。然后提出改进办法，严肃考勤制度，各位领导划分了职责单位。最后达成一致意见，从领导做起，以后就是天上下刀子，也必须按时到公司上班，否则按规定处罚。

自此，各个分管领导想尽各种办法管好自己的责任范围内的工作，员工的精神面貌发生了翻天覆地的变化，工作积极热情，生产状况有了很大改观。

Tips Tips：“示弱面具”使用说明和禁忌

一、“示弱面具”使用说明

1. 对方是针尖，切勿做麦芒

在第一个案例中，俞文走出谈判室的时候，突然想起那天欧阳给他的命名为示弱的“面具”，他心里好像一下子豁然开朗了。如果对方是针尖，自己千万别忙着做麦芒，硬碰硬没有什么好果子吃，这是基于鸡蛋再硬也碰不过石头的真理。HX公司和老K都是名不虚传的“硬石头”，欧阳如果坚持一贯的强硬作风，项目只能泡汤，YU公司损失的将是价值百万的订单。当欧阳知道对方的强项是强势时，其实他早就明白对方的弱点也在于强势。欧阳故意把HX公司抬高，放大YU公司的弱点，一度在对方面前示弱，综合各种战术，最终激发了对方的同情心。

第二个案例中，魏建在与对方谈判的过程中也熟知那些“大哥大”般的采购员们，工作态度一贯强硬，于是戴起示弱的“面具”，用以柔克刚的战术获得主动权。

第三个案例中的李厂长也是这样。如果新官上任三把火，急于对迟到的员工做出惩罚，容易让自己失去民心，举步维艰，“烧掉”在公司长久发展的可能性。他的弱势管理策略不失为最恰当的处理方法。

2. 抓准时机，讲究方式

示弱的最好时机就是对方最能接受意见的时刻，方法是以对方最能接受的方式示弱。这就需要使用“面具”的人知己知彼，掌握对方的特点，分析对方的弱点。

欧阳和魏建在对方挑剔的时候，显得不善言辞，而他们的说服攻势都发生在对方“连珠炮式”的挑剔之后。事实上，人在精神兴奋的时候，最难接受外界新的刺激，等到发泄完，再凶猛的机关枪也只剩下空空的子弹夹了。李厂长顺应公司惯有的企业文化，讲足了人情味儿，员工即使受到了处罚，也依然对之拥护信服。

时机和方式是正确使用“示弱面具”的关键，掌握了这一点，就是领悟了此“面具”的精髓。

3. 请教式语言是最好的表达方式

俞文发现，在下半场的反击战中，欧阳成功应用了请教式的谈判语言——“您说对吗？”“请您赐教”等等。谈判者在谈判桌上往往会认为自己准备充分，滔滔不绝地表达自己的观点，而没有注意到自己的观点是不是满足对方的需求。

请教式语言无形中是对对方能力的肯定和赞赏，更是对对方态度的尊重，同时也表达出自己的诚恳，是示弱的最好的语言表达方式。

4. 微笑，再微笑

无论是欧阳、魏建还是李厂长，不管对方摆出多么不屑或者居高临下的姿态，他们脸上自始至终也没有丢掉微笑。

微笑，可以理解成一种气氛缓和剂，或者是示弱者给自己的鼓励。当对方一旦理解了微笑的善意和坦诚时，就很难拒绝微笑者给出的合理条件了。

二、“示弱面具”使用禁忌

1. 示弱不等于软弱

“示弱面具”表现的只是态度，是人情，但并不是与对方谈判的最终依据。这个依据，对欧阳、魏建他们来说，就是公司的服务或产品。这是资本，是最终说服对方的底气所在。在示弱的“面具”下，为了争取别人的好感，可以尽量放低自己的姿态，但是绝不能将谈判的资本搁置身外而不管不顾。

以欧阳为例，他在应对老K的发难时，其用意确实在抬高对方贬低自己，但是这种贬低，是建立在自己一方的实力基础上的，所以再怎么贬低，YU公司也栽不了多大面子。例如，“确实，诚如您所说，YU公司在某些方面还不太完善，但是……我们已经做好了针对该项目的各种准备”。心高气傲的老K一听，尽管嘴里依然不饶人，但是心里有数，该给YU公司打多少分是心知肚明的：YU公司还算有实力，与之合作，HX公司不会吃多少亏。就连他老K爱吃热带水果的口味都能摸得一清二楚，可见他们的准备不可谓不充分。

2. 示弱要真诚

如果给此处的“真诚”找一个反义词，最恰当的就是“做作”。“真诚”是出自对成功的真切渴望，是期望合作成功的真情实意。所以，要发自内心地尊重对方，如此一来示弱就会显得格外有诚意。“做作”的示弱总有被对方识破的危险。不想前功尽弃，给人留下虚伪的印象，还是把心态摆正来使用示弱这副“面具”吧。

Part IV

说“不”的秘诀

人们都有害怕被人拒绝的心理，丢面子、伤感情，当场显示自己的无助，这对自尊心是种无情的伤害，没人喜欢自愿品尝这样的滋味。因此，由己及人，人们总会产生一种善良的心理，就是不愿拒绝别人，生怕和对方从此结怨，宁可天下所有的大事都自己扛。

反过来说，被拒绝的人痛苦，不会拒绝的人更是苦在其中。于是办公室多了一群异常忙碌的人，在他们所忙碌的工作之中，甚至有一半不是自己分内的事，只因害怕拒绝，给自己揽下众多苦果，其中滋味，只能自己加班加点地品尝。如果对方是领导，拒绝的话更会有落下后遗症的危险，为了避免日后“他一时不自在，我一世不舒服”的战战兢兢，不管多重的担子，也得挺着腰板硬撑。

还有一种人，为了表现自己是全能王，更是把拒绝当成一种难忍的羞耻。“有事您说话”成了他们的口头禅。个人的能量是有限的，何况人既没有三头六臂，也不是神仙下凡，背后自是一番寒彻骨，也难保结果不是“赔了夫人又折兵”。

我们还是太渴望别人的肯定，片面夸大了被人承认的价值，而低估了恰当拒绝的正向意义，让自己沦为一个凡人都好、凡事都不反对的“滥好人”。

能量有大小，术业有专攻。人人都有坚持美丑善恶的标准，如果缺乏拒绝，也就缺失了对待诸事的鉴赏能力。在职场中，应该做个能干的人，但同时也要做个有底线有原则的人。有效平衡各种关系，但是也要不侵犯真理，保持人格底线，严防真理被扭曲。

恰当拒绝，你应该戴一副“拒绝面具”，它是能够为你守住心中那道标准的最好防护。

拒绝这副“面具”的使用贵在恰到好处，本章将为你解释什么时候需要使用此“面具”，并且说明怎样使用才称得上恰当。

不会拒绝别人，就等于被别人拒绝

办公室中，有一种员工无时无刻不处于忙碌状态，他们每天最早来到公司，最后一个离开。仔细观察一下，你就会发现，他们虽然工作得很辛苦，但他们做的绝大部分工作却不属于自己的职责范围，也就是说，他们在辛辛苦苦为别的员工操劳。他们有求必应，人缘极佳，但尽管辛苦，却体现不出良好的业绩，他们心甘情愿做办公室的“暖壶拖把”，在分配福利时，却总是容易被忽视。仔细研究一下，这类员工有一个通病——害怕拒绝甚于对一切不属于分内事务的担当，表面上总是维系着一个客客气气的面子，出自己的汗，干别人的活，一味顺应，酿成的苦果却让自己很受伤。

且看看元枚和方林，这两个办公室的“老好人”，他们对待身边的每一个人都很好，不断挑战自己能力的极限，可是后果如何呢？

在职业能力提升的培训班里，元枚和方林不约而同地说：为什么我不早点选择拒绝这副“面具”？他们的故事正好证明了这一点。

元枚去年刚刚大学毕业，计算机专业出身。她现在回想起找工作的那些日子，简直有点儿后怕，发出去的简历不计其数，收到的面试通知却少之又少，而能闯过面试到笔试的机会，却几乎为零。最后在绝望的时候，终于有一家公司决定录用她，元枚高兴得跳了起来。但是该公司的招聘需求是企业内勤，并非元枚的专业，经过一番摸爬滚打的求职失败经历，元枚知道了现实的残酷：“人总得吃饭，要吃饭，没有工作可不行！”元枚对这份录用通知倍感珍惜，决定放弃原来的专业，做一颗螺丝钉，人家要求干啥就干啥，先学会吃苦，保住饭碗再说。

刚刚上班这几天，元枚穿着和其他同事一样的工装坐在办公室，心里既激动又紧张，心想一定要在这里扎根，让每一个人都认可自己。工作上是外行，但做别的事情她不能当“白痴”。俗话说勤能补拙，办公室的勤杂活她都是抢着干。上班一个礼拜，元枚总是每天第一个来到公司，在其他同事来到办公室之前打扫好卫生，给饮水机换好水，一切准备停当。

开始的时候，同事们眼见新来的姑娘如此勤快，确实对她褒奖不停，但过了几天，就都见怪不怪了，褒奖的声音越来越少，一些绊手绊脚的零活儿还会主动找上元枚。李姐站在复印机旁，抖落着一堆刚打印好的文件，足足有200来页，打出来才知道忘了加页码，拿着随手抽出来的两页，手忙脚乱地不知道往哪里夹。

刚过来复印的小张，把一摞资料往复印机上一搁，呼——李姐手边的纸张被这股风带起，哗啦飞了一地。蹲在地上犯愁的李姐瞅见元枚，像见到亲人一样，拉住她说：“好元枚，王总让我准备一份会议资料，两点钟开会要用，急活儿啊，你能不能帮我把刚打印的纸张整理一下啊？”元枚见李姐对自己这么亲近，难得人家对自己信任，马上一口答应下来，当即蹲在地上接过李姐手中的资料。

200多页的资料散落在地，没有页码却要排序简直苦不堪言，等元枚站起来时已经是下午一点多了，早就过了午饭时间。她的腿又酸又麻，心里却有一种胜利的喜悦，准备把整理好的资料送到李姐手里。在办公室门口，还没推开门，就听见李姐和身边几个同事开着玩笑，手边是刚吃完饭还没有来得及收拾的饭盒，一片狼藉。

元枚看了看墙上的时钟，已经是下午一点半了，李姐的会议准备不会是为了去吃中午饭使用的借口吧。一种上当受骗的感觉袭上元枚心头，但是她能说什么呢，难道撕破脸和李姐闹一场吗？这里每个人都比她资历深，要是大家都下不来台，以后哪会有自己的好果子吃？算了算了，就当自己年轻，多活动活动筋骨吧。瞅着一桌子的剩饭，元枚的肚子叫起来，她还没有吃午饭呢。李姐接过整理好的资料，装模作样道声谢谢，回头看见桌子上的垃圾，想都没想就对元枚说："元枚，你手脚利索，帮忙收拾一下吧，一会儿刘主管进来时看到多不好。"元枚在心里苦笑一声，可是脸上依然阳光灿烂，果然手脚勤快地收拾起来。

李姐又说："元枚，你每天最早来公司，我总是起不来，明天你能不能帮忙带早点啊？"元枚心想，反正自己每天也要买早点，就算顺道吧，马上答应："没问题。"旁边几个同事见元枚如此爽快，大家都是"瞌睡族"，纷纷提出请元枚代买早点，元枚每个都得罪不起，一一答应下来。

每天早上，还没到公司，元枚就又多了一项义务——为办公室几乎一半人买好早点。大家吃得喜滋滋，却绝口不提早饭钱的事，本来一份早点也就一两块钱，平时谁能把这点儿钱放在心上，可是架不住元枚一买就是半个办公室的早点，更架不住她可怜的试用期工资。别人不好意思给，她更不好意思要，钱都花了，再得罪人岂不是费力不讨好？算了，再省吃俭用一些，就算她元枚每天义务请大家吃早点了。

别看办公室人人都是电脑控，但基本上都是电脑“菜鸟”，一旦出点儿问题就得嚷嚷着找技术部门抢修。元枚自告奋勇，自己的专长总算发挥了作用，几下搞定，同事皆大欢喜。所以元枚又多了一项办公室网管的义务，刚把小何的电脑搞定，许姐的电脑又出了问题。忙活一通，总算能坐在自己的椅子上开始想想分内工作了，刘主管又开始嚷嚷电脑出了毛病，元枚更是立刻起身，一个箭步冲进主管办公室，比消防员救火还迅速。

下班的时间早过了，办公室就剩下元枚一个人，总算开始闲下来忙自己的工作了。刘主管悄悄走到后面，吓了元枚一跳：“小元，还在做这个表格吗，我记着是上个礼拜交给你的活儿吧？”元枚的脸一红，有苦说不出，只能埋头抓紧时间干起来。

一个月之后，元枚没有了劲头，终于知道就算自己是铁打的，回回炉也炼不了几颗钉。但是同事们早就把她当成“扫把”和“暖水杯”了，动作稍慢，他们的脸色就阴晴不定。没错，他们觉得元枚以前的做法是应该的，现在不做，不是一般意义上的不习惯，而是情理上的不应该。

有求必应的元枚在两个月的实习期后被公司辞退了，理由是实习期内不能按时完成分内的工作，能力达不到岗位要求。而元枚的理由是：睡眠不足，精力不够，哪有“能力”去干那么多工作？她默默地把自己的东西放进整理箱，努力忍住满肚子委屈。她不明白，为什么自己这么努力，还是得不到别人的认可。

这样想的时候，她低头看了看手里拿着的一副“面具”，“面具”上写着两个字——拒绝。那还是当初在职业能力提升培训班里得到的，早被她忘到了一边。元枚似懂非懂，一边想一边走出办公室，在公司楼下遇见了两个月前同时进公司的方林，凑巧的是，方林也抱着刚收拾完的整理箱，手里也拿着那副叫作拒绝的“面具”，站在那儿若有所思。

方林大包大揽的豪爽和元枚有求必应的胸襟真是如出一辙。刚进公司的时候，血气方刚的方林自以为聪明过人，精力过剩，总想一个顶俩，干出点儿别人做不出的业绩，幻想着让人伸出大拇指说一声：“小方真行！”所以上级分配给他的任务，不管是不是在自己的能力范围之内，他都不拒绝，宁可自己回家吃不下睡不着，也不想在领导面前栽了面子。

事情往往是这样，上级主管说：“这个任务对你来说，还是相当有难度的，你考虑一下，是不是需要协助，或者实在不行，你可以放弃。现在让别人来做，不会对项目进度产生任何影响。”

方林当即一拍胸脯：“交给我没问题。”领导见方林这么爽快，一高兴，又列举一些关键项，没想到方林大包大揽，都拍着胸脯收入囊中。一个礼拜之后，事情的结果是，方林负责的任务严重制约了整个项目进度，领导很恼火。别的同事也因为初出茅庐的方林处处放大话，看他就有点儿别扭，现在更是看笑话的人多，同情的人少，几个月下来，方林只得走人。

元枚和方林掂量着手中的“拒绝面具”，仔细衡量自己所谓的麻烦和面子与这个“拒绝面具”相比，孰轻孰重？若是不拒绝别人，就等着被别人拒绝吧。这两个年轻人原来在意的，其杀伤力远超过“拒绝”本身的负面影响。早知现在何必当初？如果他们当初懂得使用这副“拒绝面具”，做人和工作更有原则一些，也许事情的结果就不会糟糕到这个程度。看来要想重新走进兵荒马乱的职场，他们还要戴上这副“拒绝面具”，多多磨炼一番。

你的底线就是你的底气

恰当使用拒绝这副“面具”才会收到预期的效果。使用方法无非分为两种：一种是直接拒绝，对方要求上门时，采用兵来将挡水来土掩，开门见山一口回绝，干净利落不留余地；另一种是婉言拒绝，面对对方，把拒绝的“面具”藏在背后，找理由从侧面或反面表明回绝的意思，甚至表面答应，但过程中行春秋笔法，寓抑于扬，草蛇灰线，拐弯抹角达到效果。这两种情况各有针对类型，原则只有一个，就是守住原则防线，兵临城下，绝不后退。

使用直拒型“面具”需要一定的胆识和气魄，面对的是棘手无进无退的死局。毕竟，当面拒绝要承担得罪人、结梁子的风险，何况有的时候，面对的是你的直属上级，一个闪失，饭碗被砸，明天就成了待业青年。如果这时候已经没有回旋的余地，你需要快速在心中进行衡量，作出判断，责任、原则与这份工作的机会孰轻孰重？

如果认为即使丢掉工作，也不该丢掉自我，那就勇敢地戴上拒绝这副“面具”，告诉他：不能，这是我的原则。

我们提倡这种有原则的坚守，因为“面具”使用的目的永远是给予人正能量。它更像是一种协助手段，尽管表面上看，

“面具”是一种表情符号，但实际上毫无虚伪意义可言。“面具”的本意是给你提供在与人和睦相处所需的各种表情缺失时的一种补偿机制，好比身体健康成长所需的必不可少的维生素。

如果是为了获得短暂的赢家的快乐，戴上某种假面具，从而给自己长期背负上沉重的心灵枷锁，那么尽可摘下这样的“面具”，它不是我们提供的具有实用意义上的道具。换言说，当戴上“面具”，有可能让你失去眼前这份绝好的工作机会，但是却能保住心灵长久的安宁，守住原则底线。从某种意义上说，直接拒绝的“面具”能带来正反两种效果。

职场斗争如战场一样残酷，在衡量完孰轻孰重之后，还需具备一份沉甸甸的牺牲精神，破釜沉舟，拼死一搏，如果前方不是柳暗花明，而是阴沟里翻了船，就豪迈地拍屁股走人，此处不留人，自有留人处。

下面这个故事，设定了一个残酷的职场竞争的场合，可是提示了在怎样的前提下，需要拒绝这副“面具”，其中又假设了用和不用“拒绝面具”的两种情况，对比之后，你或许会更加理解上述的一切。

文慧和麦怡是同时进入这家外企公司的新员工，两个人的表现都不错，工作都很卖力，但是她们发现在只有六七个人的部门中，大家虽然都在加班加点，赶进度，争效益，但是干得并不高兴，有时还心惊胆战，原因就出在部门经理罗红身上。罗红是个30岁出头的中年女人，典型的女强人，打扮精干，个性强硬，做事雷厉风行，又好强争胜。一旦其他部门的业绩高过自己部门，就暴跳如雷，把部门所有人骂个狗血喷头，都得给她立投名状：做不出成绩来，趁早卷铺盖走人。因此，部门的人员流动率很高。无奈公司的薪水高、福利好，又总能吸引大批精英“前仆后继”，罗红也就不怕招不到人，更拿部门的人不当回事，反正你不能干还有很多人在外面排队抢着干。

罗红凡事都爱争强好胜，在业务方面，一直自诩是部门顶尖高手，不喜欢部门其他员工有高于她的见解。而且遇事独断专行，眼里容不得一点儿反对自己的意见，办公室的人都知道她的脾气，因此只能看她的脸色行事，一旦违背就被一顿狠批，不但面子上下不来，工作说不好还有砸了的危险。所以很多精彩的方案在还未形成时就“流产”了，办公室成了一言堂，长期的思想僵化让部门业绩一再下滑。在事实面前，罗红越是对下属不积极不努力生气，工作成绩反而越没有起色。

麦怡和文慧都吃过罗红的雷烟火炮。麦怡从一开始就被罗红的架势吓住了，心想：罗红才是“老大”，“生杀予夺”权力全在她手里，以后还是不要自作主张，无论做什么事情，还是先禀报之后再按指示行事，虽然效率是低了点儿，但却不失稳妥。麦怡坐在工位上环顾左右，与其他同事小声探讨心得，谁知竟得出一致的结论：老虎的屁股摸不得，还是避其锋芒的好。

麦怡与其他同事商定，以后的工作大家要先私下好好沟通，认清形势，然后再做决定。于是，她一天的工作时间，倒有几成被与同事间的“论道”占据，不怕慢，只怕出错误，你看办公室中谁不是这样？麦怡把自己的主张与文慧说，谁知文慧并没表示出赞同的态度。文慧没有说话，而是一头埋进新的报表中，拧着眉头钻研起来。麦怡很是气恼，小声说：“那么卖力干什么，将来连怎么死的都还不知道吧。”

在罗红的极力争取之下，部门终于拿到公司的一个大项目，罗红心中暗喜，一心想通过这个项目扭转部门业绩下滑的局面。半个月之内她加班熬夜，但连想了几个方案都没通过。于是她心急火燎地动员部门员工，集思广益参与方案的制订，但员工们平时摸清了罗红的脾气，连反对的话都不敢说，只好在已经做出的几个方案上小修小补，讨论了一个下午，问题并没有实质性的进展。大家私下交换眼神，心里都清楚，一旦提出异议，一时的问题是解决了，以后罗红要是想起来，有人曾经否定过她的方案，还不知道怎么办呢。反正法不责众，想不出来好办法是她罗红在上级面前交不了差，再大的罪过也落不到在座的每个人身上。

就在大家干耗时间的时候，文慧出其不意地开口了，原来她的沉默并非身处世外，而是投入思考。她和有些人一样，清楚地看到了罗红报告中的问题所在，只是大家都不愿说出口，若照此执行方案，难以取得预想的结果。

“我看这个方案的根本思路是有问题的，如果非要这样做，我拒绝执行。”麦怡吓得直在桌子底下踩文慧的脚，示意她停止讲话，但文慧还是一本正经地说下去。众人诧异地抬起头看向文慧，罗红也惊讶地听完了文慧的建议，脸色一阵红一阵白，笑容比哭还要难看。人们明白，文慧的想法确实高明，也解了罗红的难题，但是也在罗红心里结下了疙瘩。

不久，公司进行人事调整，给每个部门经理配备了一位副手，而在文慧和麦怡所在部门的副经理到来之后，罗红就请了病假，因此，部门的大小事宜都由副经理徐飞主持。

徐飞以前做过很长时间的行政工作，对部门的业务情况并不十分熟悉，也怕在大家面前出丑，因此在讨论业务时多是以倾听为主，只稍作结论性的指令。大家慢慢摸透了徐飞的脾气，工作也就不上心起来。

麦怡知道，不管最后做成什么样子，在会议讨论的时候，都是由大家做主，选出一份比较完善的方案，不然就是把每个人的思路综合一下，最后汇总敲定，做得再不好，徐飞也不会说什么，因此大家就越发偷起懒来。她真希望罗红能这么一直病下去，没有“管家婆”的日子真好，工资照样拿，却不再提心吊胆地过日子，这样的工作谁不爱呢？倒是那个文慧，还在拼命看书，没事向人请教，就不知道大家都图个清静，工作上的事睁一只眼闭一只眼不好吗？她才不想像文慧一样麻烦别人呢。

不久，在徐飞和大家讨论一个重要项目的草案时，文慧又提出了异议：“这个方案不是最合适的，如果这样草草应付，我拒绝执行。”习惯歌舞升平的徐飞一愣，抬起头茫然地看着文慧。

散会后，麦怡拦住了文慧，真不明白她是怎么想的：“你怎么回事？真是软硬都不吃，刚刚得罪了旧的，又得罪新的，你是不想干了吧！”

文慧笑了笑，对麦怡说：“大家都知道刚才的那个方案存在严重问题，就是怕麻烦而不去提出，跟以前罗红在时一样，怕得罪领导而隐瞒最佳的建议。如果工作只是为了面子，那么只会越来越糟糕。我不想这样浑水摸鱼，毁了自己的职业生涯，这是我的底线，在它之前，我可以对任何条件说不。你看——”文慧边说边掏出辞职报告给麦怡看，“我已经写好了辞职报告，因为目前的工作状况确实不能学到更多的东西了。”

就在麦怡目瞪口呆的时候，文慧笑着走过她身边，走出了会议室。

之后，文慧辞了职，凭着前一段时间积累的业务知识，进了一家非常不错的公司，一年后就晋升为部门经理。当麦怡无意中与她相遇的时候，简直认不出她来了。一年后的文慧意气风发，朝气蓬勃，而麦怡依然是原来那个部门得过且过的小职员而已。

越拒绝，别人越开心

如果说直接拒绝别人的要求，需要的是背水一战的胆气，那么婉拒则有必需周旋的智谋。它不如直接拒绝来得那么直接，为的是不造成难以收场的后果。当然，应用的场合也不像“直拒面具”适合的场合那样没有退守余地。

直拒或婉拒的选择最重要的还是要考虑提出需求的对方，如果像文慧面临的难题一样，个人底线受到干扰，到了“是可忍，孰不可忍”的地步，估计婉拒也不会带来多好的效果。当你想维护情面也难以如愿时，还不如干净利落地直接拒绝。但是，如果对方并无恶意，可能属于好心办错事型或者偏听则暗型等，那就需要考虑，在让对方明白你的意思的前提下，怎样才能维持和谐的气氛。

罗格就是一位善于使用“婉拒面具”的高手。上级出于好意，出台了一个并不完全可行的方案，必须拒绝执行，但是没有必要把局面搞得那么糟，到底该怎么做？在下面的故事中你可以跟随罗格的视线一起来体会婉拒的效果和其中暗藏的智慧，比较一下，你能像罗格那样拒绝了别人，还让别人喜欢你吗？

罗格是一家建筑设计公司的中层领导，管辖的部门是公司的核心部门。一直以来，在全公司和部门内部，罗格都以人性化管理和善纳雅言受到同事的认可，跟有些领导独断专行形成明显的对比。有了意见，罗格会在恰当的时候召集部门所有人，让大家畅所欲言，充分讨论，最后群策群力达成的结论才能真正代表整个部门的水准。他还有一个处事优点，就是在讨论中，特别讲究拒绝的艺术，从来没有生冷或不屑一顾地拒绝那些不靠谱、不着边际的提议，哪怕那些提议充满了天马行空的浪漫色彩。因为他知道，不管是什么样的提议，下属的出发点都是好的，都是为了尽快解决问题，出色地完成任务。

在一个名为“空中花园”的设计案中，在关于怎样让花园的建筑设计充满田园风格的问题上，有人开玩笑说：干脆赶一群羊在楼顶上放。大家都觉得这是玩笑话，纷纷嘲笑提议者。只有罗格点点头，称赞道："真是个不错的主意，只要能妥善处理羊粪的问题，我看可以考虑。"大家又笑了起来，提议者笑得比谁都开心，因为他并没有因为罗格对提议的拒绝而感到难堪。相反，他还觉得受到了很大的鼓励，连罗格都说这是个好提议，只是不太符合实际而已。

生活中也是这样，罗格的拒绝充满了智慧。当妻子说："罗格，下班回家的路上买一些油炸鸡腿回家。"他会乐呵呵地说："遵命，只是你看我腿肥腰粗，脂肪过剩，快赶上一只肥鸡了，不知道炸鸡店老板还是否敢把鸡腿卖给我。"妻子笑了起来："那就买点儿清淡些的吧。"罗格这个人，就是这么善于拒绝，让你知道自己的提议是错误的，同时又不失快乐的情绪，对他心服口服，越来越觉得这人可敬可爱。

公司的副总经理是位刚刚上任的年轻人，国外名牌大学毕业，学历很高，理论基础扎实，但毕竟年轻，经验不足，实践经验有些欠缺。有一天，针对客户的要求，副总经理对一套重要的设计方案提出了自己全新的看法，拿到会议上与各部门负责人讨论。副总经理显得有些激动，这是他就任以来接手的第一个大项目，看得出来他是下了非常大的功夫，理论论证可靠，但有一个致命的弱点是他没有全面考虑项目实施的实际情况。

那些与会的部门负责人看完这套设计方案后，都心知肚明，只是在态度表现上各不相同。大家都知道，副总经理是新官上任三把火，没准是想就眼下这个项目旺旺地烧一把。如果这个时候拒绝执行他的提案，很可能驳了他的面子，彼此之间产生误会，以后的工作也难以开展了；可是如果执行他的提案，在执行过程中肯定会四处碰壁，项目最后会亏本的。

看完方案，会议室里出现了两种态度。有一两个脾气耿直的人直接指出方案中的弊病，当场拒绝执行。副总的脸憋得通红，觉得自己颜面尽失，过了一会儿直接打断这些人的议论，以坚决的语气说：“大家的批评或许有你们的道理，但不可行性总得求证，我还是想看看效果如何，不做起来怎么知道最后的效果？”

轮到罗格发言时，他只拣方案中的几个亮点简单称赞了一番，然后说：“我们部门的惯例是在任何决议、方案形成之前一定要在办公室会议上经过全员讨论，这不仅仅是群策群力的过程，也是一个全员学习、思想统一的过程。所以，我想今天会后，我要把副总经理这份方案拿到部门会议上集体学习，如有什么问题，还请您届时给我们解答。”副总经理见罗格没有提出什么反对意见，爽快地答应了他的要求。

在下午的部门讨论中，罗格并没有告诉下属这份看似完美实则漏洞百出的方案是出自新来的副总经理之手，只希望大家针对方案本身，像往常讨论一样，就其可行性提出自己的看法。因此，大家畅所欲言，纠正了其中的错误。会后，罗格像老师临下课留家庭作业一样，让每个提出意见的员工把自己的看法形成文字，并加以整理，下班之前交到他的办公室。

下班的时候，同事们稀稀拉拉走光了，罗格拿着一沓收上来的“作业”，敲开了副总经理办公室的门。

副总经理接过罗格手里的文件，本来准备好回答员工的质疑，没想到竟是一堆有理有据的反驳。他越看越心虚，这些普通员工提出的意见大致和上午会议上反对派的意见一致。但是现在他却无法对罗格发火，因为这可不是一两个人的意思，而是大家一致的结论，这不就是他上午在会议上要求“求证”的结果吗？他这才发现自己的设计中原来存在如此众多的不合理之处，不觉冒出一头冷汗，好在现在已经下班了，办公室不会再有其他人敲门。

“罗格，你看现在该怎么办？”副总经理好像一时间没了主意。

“没关系，他们只是针对方案中的缺陷提出了意见，当然方案中也有亮点。我们只要结合大家的意见进行稍微改动就可以了。我的想法其实跟您的方案挺接近的，您看是不是可以考虑。”

紧接着，罗格主动把已经想好的措施提出来跟副总讨论，两个人很快就专心地投入到方案的修改之中，不知不觉地忙到深夜，终于完成了新的设计方案，副总经理一拍脑门，笑着对罗格说：“罗格，你真厉害，拒绝了我还让我这么喜欢你！”

Tips：“拒绝面具”使用说明和禁忌

一、“拒绝面具”使用说明

1. 拒绝要有底线

戴上“拒绝面具”是为了守住使用者心里的某个底线，因此在使用这副面具之前，你必须对自己的底线心知肚明。都说“舍得相依”，有得必有舍，不可能什么都得到，也不可能什么都舍弃。如元枚和方林，在遭遇拒绝或者应该做出选择的时候，可能连自己都不清楚身在职场，究竟什么可以舍、什么可以得，因此才会在突如其来的变故中六神无主，最后“舍”到无路可走。进入职场仅仅是为了获取一个吃饭的机会吗？恐怕答案不是那么简单。所以，在拒绝还未发生前，最好先给自己一个坚守的理由。

2. 拒绝要有勇气

重申一遍，直接拒绝对方，是迫不得已的决定，使用这副面具前，真的需要有死而后已的准备。但是勇气不等于盲目冲动，要有真正的实力在后面撑腰，说出来的话才会有底气。

看看文慧，她把麦怡等人钻空子的时间都用来集中精力钻研业务，每次拒绝时都做好了“必死”的准备。

3.“婉拒面具”优先使用原则

毕竟直接拒绝可能造成的后果要比婉言拒绝严重得多，为了避免不必要的干戈，我们建议优先使用“婉拒面具”。

4.婉言拒绝的两个技巧

首先，把自己拒绝的意思通过别人的嘴来表达。这样做不是为了推卸拒绝后可能造成的不良后果，而是为自己的语言呈现更充分的说服力。像罗格，为什么每次讨论都要召开部门集体会议？除了要群策群力证明某个方案的可行性之外，肯定也有否决某个方案缺乏执行可能的用意。对副总经理方案的拒绝正好在这时派上了用场。

此外，在婉拒对方之后，最好能拿出正确的修订意见，避免对方被拒绝后产生不可消除的尴尬，以及因尴尬激起的“心火”，避免对方认为这是故意拆台。此外，值得一提的是，这时候你提出的建设性意见被采纳的概率会比平时高出一倍。

5.修炼拒绝内功

勿冲动，拒绝都是有风险的。在拒绝之前考虑好后果，不断培养自己婉拒的艺术，像罗格一样，拒绝别人的同时，也不让对方产生厌恶情绪。

二、“拒绝面具”使用禁忌

1. 不要滥用“拒绝面具”

如果不分场合地使用“拒绝面具”，很有可能让你显得和周围的人格格不入，个性过于强烈错失与人相处的机会，别人对你敞开的门也可能从此紧紧关上。

2. 能用婉拒便不用直拒

此禁忌遵循以上“婉拒面具”优先使用原则。把假设放到第一个故事中的方林身上，如果你的任务量已经饱和，领导再指派其他工作时，如果你说：这个我做不了，时间太紧，我做不完了。很可能的结果是，领导认为你工作能力很低，喜欢抱怨，不能委以大任。如果换个方式，你把工作从头到尾按照轻重缓急排个序，然后对领导说：我非常愿意接受新的挑战，但是您看我的工作安排，真不知道该挤掉哪个来完成这一个。这样的结果是，领导明白了事情的真相，同时你也给他留下了敢于承担、认真努力的好印象。

Part V

忍耐的力量

有人做过这样的一个实验：在白纸上用黑笔画一个圈，涂满，然后问被试者看到了什么。大概所有人都会坦言相告，他们只看到了一个黑点；等十几秒钟后，再次问被试者看到了什么，90% 的人还是说，他们只看到了白纸上的这个黑点；又过了一会儿，会有少数人提供了截然不同的答案，他们除了看到白纸上的黑点，也看到黑点之外无限的空白，还看到了黑点嵌入空白之中和谐的美感。

这种说法一旦说开，其余人开始响应。的确如此，相比白纸上大片的空白来说，那个黑点只不过占据了很小的一部分。在问到他们为什么会长时间坚持只看到黑点这一个答案时，被试者想了想，回答说："可能是那个黑点赫然出现在白色之上，显得太明显了，吸引了太多的注意力。"

现在把那张用来做实验的纸换成一个人，你会发现同样的道理，黑点代表了不受大多数人认可之处，是他的缺点。即使这个人的优点再多，人们也只会盯着那一个或几个黑点死死不放。然后给自己一个暗示，在头脑中用这几个黑点去定义眼前之人留给大家的印象。

这就是人会很容易看到别人的短处，而不会轻易发现其长处的原因。如果一名管理者把这样的习惯带到工作中，很可能会抓住员工的短处不放，在不知不觉中营造了企业紧张的人际关系，导致企业人才流失。如果你是一名普通员工，你就会整天充满对公司、对上级的不满，毫无乐趣地过着每一天。

现在我们就来介绍名为容忍的“面具”，戴上它，就能发现自己的眼界明显放宽，心胸变得豁达，不再只看到白纸上的那些黑点，更能看到黑点之外无尽的空白，还能在黑与白之间的搭配上获得和谐的美感。是的，戴上“容忍面具”的你，更能够欣赏人的优点，更懂得知人善用，也更能体会不足与完备的对照，才懂得什么才值得我们不停地努力去争取。

“容忍面具”会让你发现抱怨、愤恨、揪人短处是一道窄门，你完全可以绕道而行，去看看之外的海阔天空。

容忍一些错误，才会有新的契机

你知道我们每天都在用的便利贴是怎么被发明的吗？你可能只知道发明这种不起眼却实在好用的小东西的公司是3M（明尼苏达矿物及制造业公司），发明人叫Art Fry，但却不知道其实它的诞生本身是一场错误的发明。

1974 年，3M 公司曾动用人力，下功夫研究过一种黏性很强的胶，研究结果却得到了一种黏性很弱的胶。正在大家灰心失望之际，工程师 Art Fry 把它夹在翻页的书中，发现可以重复撕贴，而不会破坏书中的纸。必要时，还可以用笔记下重要的信息，便利贴由此诞生了。当然，这只是享誉世界的 3M 把失败变成财富的故事之一。被誉为该公司精神之父的威廉·麦克纳说出了 3M 的座右铭："我认为在发生错误时，如果管理者独断专行，过于苛责，只会扼杀人们的积极性。只有容忍错误，才能够进行革新。"

3M 公司容忍了失败。作为一名企业的管理者，面对让你头疼的一个个员工，还有什么不能容忍的？没错，每个管理者都想让手下人变得聪明睿智，成为样样都行的多面手，但是这只是你的一厢情愿，你不能让这个美好的假设打破现实真实的样子。

人无完人，孰能无过？这样的苛责只能让你过分地聚焦每个人的缺点和短处，发现不了他们身上的闪光点，也就永远不会让你手下的人，人尽其才，而这恰是一个出色的领导者最忌讳的做法。

邱总是一个容易被员工的小错误激怒的人，他脾气暴躁，动不动就在公司开口骂人，员工都对他敬而远之。长久如此，公司人心惶惶，人际关系紧张，效益开始下滑。直到他找到管理咨询专家老赵，这种现象才得以改善，真不知道老赵到底给了邱总什么法宝，一下子就挽回了危局。

一大早，邱总风风火火闯进老赵的办公室，把一打简历摔在办公桌上。

老赵是邱总刚刚聘请的一家知名管理咨询公司的调查人员，刚刚进驻公司半个月。为什么要请管理咨询公司的人员进驻公司呢？原因是这样的，邱总在三年前创办了这家电子产品研发公司，几乎把所有的精力都投了进去，开始的时候，员工和老板一起创业，上下一心，兢兢业业发展了两年，公司越做越大，效益越来越好，可是不知不觉中问题也紧跟着来了。公司人员频繁流动，从基层员工到管理层高管，一波接着一波，特别是一些公司初创期的老员工相继离职，带走了大半客户资源，直接导致效益下滑。最近，公司士气越来越低，邱总也是满脸阴云挥之不去。他不知道到底哪里出现了问题。

俗话说“铁打的营盘流水的兵”，人员流动是市场经济下现代企业中很正常的现象，但是邱总隐隐觉得，这正常现象背后一定包含了非正常的因素，再这样下去，他的公司迟早要关门。他曾耐心地和几名决心离职的员工谈心，当问及离职的原因时，他们都闪烁其词，显得十分为难。邱总甚至开始怀疑是竞争对手在恶意挖他的墙脚。经过一番调查，离职的员工并非流向一家对手公司，他的怀疑是多虑了。看来治病还要从源头抓起，或许是公司内部的弊端。邱总狠了狠心，这才花高价请了管理咨询公司的老赵。

老赵从事管理咨询工作多年，确实有十分丰富的从业经验。一进邱总的公司，就展开了认真的调查。经过近半个月的调查走访，老赵发现邱总的公司制度完备，纪律严明，可见管理者确实下过一番大功夫，按照现有的一套管理制度运行，日常经营应该不会出现什么大的漏洞。

但是经过进一步考察，他发现这家公司虽然在制度和管理上无可挑剔，但是人际关系冷漠，特别是下属和领导之间似乎有很深的隔阂。很多事情的处理并非按照正常程序，员工发现了问题，往往没有及时反映到主管领导那里，而是自行掩盖，或者简单应付草草了事；若是其他同事负责的任务出现问题，他们更不会主动上前帮忙解决，非责任人会躲得远远的，生怕担责任殃及池鱼。

对于一家以智力为产出的公司来说，人际关系的重要程度往往会大过规章制度建设，没有和谐的氛围，人的智力就会被囚禁在狭隘的间隙，头脑风暴式的思考难以展开，创新力就会衰竭。如果这种束缚威胁到员工日常的工作行为，甚至会降低他们的安全感，离开公司是迟早的事。久而久之，就可能造成公司现在无法留住人才的局面。

又经过一段时间的观察，老赵发现邱总本人就是他这种判断的真正源头。虽然开创公司时的艰苦奋斗的精神还在，也处处表现出严格谨慎的工作作风，但有时候这种情绪一过头，面对不合自己意愿的事情他就紧张急躁，无法容忍员工有半点错误。即使是一份还说得过去的策划案，他也苛求完美，非得鸡蛋里挑骨头，结果让员工十分扫兴。

公司流传着邱总教训员工从不留情面的传言。上到公司副总，下到保洁人员，无不受过邱总的这份“恩泽”，谁都不敢让邱总抓住自己的把柄，想要少犯错，就得少干活、少说话。无形中，这条无言的规则成为企业文化中很有特色的一部分，即使是刚入职的员工，耳濡目染，不久也能体会到其中的厉害。邱总在员工中有了响亮的绰号——“秋老虎”。

特别是中层管理人员，公司一把手的作风也慢慢感染到他们，经常因为手下员工的一点儿过失就吹胡子瞪眼，不留一点儿情面。夸张点儿说，这家公司就跟汽油桶一样，一个火星儿，随时随地都能炸开锅。

老赵看着气得脸色发青的邱总，好言相劝，尽力让他的情绪稳定下来，说出事情的原委。平静了一会儿，邱总开始向老赵抱怨。原来他刚通过一家猎头公司招聘了一名公关部高级主管，对方把此人吹嘘得无所不能，可是刚刚一周，他就发现此人做事懒散，一星期中有四天上班迟到，而且大大咧咧，不注意形象，上班的时间有几次被他碰着正在跟员工说说笑笑。他已经忍无可忍，打算开除此人，并且找那家猎头公司好好算算账。

老赵一边听邱总的抱怨，一边看完了他摔在办公桌上的那位高级主管的简历，然后笑起来，对邱总说："我不明白你为什么生气，简历上说此人的优点是公关能力强、善于处理人际关系。难道在具体工作时不像简历中所说的这样吗？"邱总愣了一下，告诉老赵，公关部主管刚来一周，还没有真正负责过一个项目。

"这就对了呀！你并不知道他真实的工作能力，为什么就断定此人不合要求啊？为什么偏要盯着他那些并不起眼的短处没完没了，难道你要靠他的懒散和大大咧咧去谈判公关？"

邱总张了张嘴，想回击老赵两句，但还是没有想出来该说什么。老赵顺势从抽屉里拿出对公司情况的分析报告，交到邱总手里。邱总边看边忍不住去擦额头上的汗，沉默了好久才说："你说得没错，我确实只看到了他们的短处，成功的领导者最值得学习的一点就是知人善用。但是他们的积习已经形成，就怕一时难以改正，你有什么好办法可以帮助我吗？”

老赵又打开另一个抽屉，拿出一副“面具”交到邱总的另一只手上：“一旦你意识到自己只看到员工的短处，濒临发火时，不妨戴上这副‘面具’，它的名字叫‘容忍’，试着变一张脸，从另一个角度去观察评价他们。谁都有短处，同样，任何人都有长处，只是你没有发现而已。你要看他的优点是否真的契合当初的招聘需求，如果答案是肯定的，你又何必为鸡毛蒜皮的小瑕疵耿耿于怀呢？我想，这就是这副‘面具’能带给你的益处，你会发现，窄门过去，其实是一片海阔天空。”邱总拿起这副“面具”，在手里掂了掂，藏在身后，若有所思地走出门。过了不久，邱总告诉老赵，在一个重要项目的公关谈判中，新来的公关部主管果然过关斩将，不负众望，很轻松地拿下了对方的订单，鼓舞了公司的士气。自此，他有意包容员工的错误，主动改善和员工的关系，鼓励他们不要在意一些小失误，工作当中尽最大努力发挥自己的长处。他还在公司大会上提议将“容忍文化”吸纳到企业文化当中去。现在，终于打破了两个星期没人递交辞呈的纪录，邱总激动地说：“都是你给我的那副‘面具’的功劳，我已经把它挂在办公室墙上，还打算给领导层每人发一副呢。”

你为什么总想跳槽

刚入职的新员工，进入一个新环境，在短时期内完成角色转换确实不是一件容易的事。若在头脑中把未来职业描绘得过于美妙，一旦经历挫折就受不了，从而萌生退意。关键是入职时间短暂，这些人并没有掌握实际的行业知识，一张白纸来，一身怨气走。即使有幸换到另一个环境，也难免结果不是这样。

作为面试官，你会看到来人的简历沉甸甸，那曾经经历过的大企业小公司，乍一看真能让你吃惊一把。年纪轻轻和丰富阅历形成对比，真不知道他是把公司当成旅馆，尝尝新鲜就走人，还是确有才干的“千里马”，寻寻觅觅不得伯乐而已。

继而拷问几个问题，来人刚开始还能对付一番，随着难度加深，越来越没有底气，开始结巴，最后在你面前被打回原形。厚重的简历原来记录下的都是浮躁与轻率，还有人敢录用这样的员工吗？

跳槽果真不是件草率的事。职场中到底有哪些事情让人无法容忍，非得不计后果地一走为快？为什么对事情的看法总是停留在一个层面，有没有设想过容忍可能会带来不一样的结果？你或许会大喊，我已经忍了好多次了，真的不能再忍下去了！那就再忍一忍，总不能看着以前的付出前功尽弃。你又问：忍到什么时候才是头呢？我们先不讨论这个问题，来看看小阳的故事，或许你就会找到问题的答案了。

小阳大学毕业后来到一家公司担任经理助理，和另一个助理小郭一起负责经理办公室的一些日常事务，从起草重要会议文件，到打扫办公室的环境卫生，工作内容包罗万象，庞杂而具体。事实上，小阳刚毕业四个月，来到这家公司还不到三个月。一天到晚忙得晕头转向，忘了时间。

开始的时候，来到一个新环境，小阳觉得每一项任务都是崭新的，心中充满了好奇，并定下宏伟目标，浑身充满干劲。可是时间一久，一些重复性的日常事务让他感到麻木枯燥，身心疲惫，劲头明显不如刚来的时候了。正巧办公室另一位助理小郭虽然跟小阳岗位相同，职责一样，可是此人已经来公司工作两年了，不大不小也算个老员工，特别是在小阳面前，总是在不经意间流露出上对下的架势。小阳心知自己是新来的，不好跟他抬杠，在一些事情上，只能自认吃亏。本来属于两个人的工作量，几乎多一半压在小阳一个人肩上。“你是新来的，你不多干点儿，谁干啊！”小阳总能听到小郭半是玩笑半是嘲弄地说。

经理见小阳干活儿很卖力，就一个劲儿给小阳一个人安排活儿。卸货、复印账单、订机票，星期日早上经常被从被窝叫起来赶会议资料。看到小阳疲惫又充满怨气的脸，经理会拍拍他的肩膀，嘿嘿笑两声："年轻人，打起精神，你是新来的，你不多干点儿，谁干呀！"对啊，小阳是新来的，是应该多干活儿，但是凭什么工资不多拿呢？这样一想，自己确实吃亏不小，这个冤大头还要当到什么时候？

于是，小阳对工作开始懈怠，能少做绝不多干一点儿，尽量只做自己的那一份，剩下的，随他说去，按照岗位职责办事你能奈我何？小郭看他不顺眼，他也看小郭别扭。渐渐地，他发觉自己还是没有小郭有经验，无缘无故会吃一肚子怨气，逐渐萌生退意，心想大不了辞了这份工作，不然这样的恶气吃到什么时候是个头儿。自从有了要辞职的念头，他工作的时候更是无精打采，区区小事就能诱发一场怨气，小阳不停地在心里对自己说，大不了走人，有什么了不起的！他越看小郭越不顺眼，也懒怠了经理吩咐的任务。

小郭很会做"面子活儿"，在领导面前尽情表现。领导一来，把什么活儿都抓在自己手上做样子，领导前脚走，他后脚就大撒手，什么也不想管了。小阳对他这一点恨之入骨。

一天，轮到小阳做办公室卫生。他大清早来到公司，辛辛苦苦把地板拖了一遍，一旁玩电脑游戏的小郭看到经理这时候也走进公司，赶忙站起来，拿起小阳刚才放下的拖布，装模作样地拖起来，边拖边大声喊："小阳，你看你也太不认真了，拖了一遍怎么还这么脏！"那声音，非得让经理和其他同事听到不可。小阳气得一天没心情工作，心里那个念头越来越强烈，临下班的时候他打定主意，一定要辞职，给他们点儿颜色看看！

在接下来的一次同学聚会上，小阳把自己的工作烦恼一吐为快，把自己要辞职的决定公布于众，并请几个好友帮忙给自己物色新工作。刘毅是小阳的铁哥们儿，目前在叔叔的公司工作，家族企业，虽然不大但效益不错。刘毅现在担任一个部门的经理助理，一边锻炼一边学习怎么管理公司。他听了小阳的话，很是同情，对小阳说："工作机会倒好说，我叔叔的公司正在招人呢。但是不知道你都能干什么？"这句话把小阳问得瞠目结舌，是呀，刚刚毕业四个月，参加工作不到三个月，扪心自问，这三个月来，我小阳到底学到了点儿啥本事？除了跟同事斗智斗勇以外，还真没有一样拿得出手的。

聚会回来，小阳一个晚上辗转难眠，在脑子里一遍遍闪过刘毅的问题，惭愧之情袭上心头。就这样辞职，自己或许还能找到另一家差不多的公司，但是身无一技之长，还要从头干起，这样一来，在公司忍辱负重的三个月就算白费了。而且谁也不能保证下一个公司的工作环境会比现在的公司好，那时候等待他的还是拍屁股走人吗？走到什么时候是个头儿呢？用自己职业生涯的未来和现在的处境相权衡，何不先戴上“容忍面具”，留下的目的就是要把该学的本领学到手，到时候争取脱离苦海，往高处走一大步。

在接下来的日子里，小阳又恢复了刚进公司的干劲儿，什么都想干，什么都想学，连拆装打印机的机会也不放过，利用业余时间还自学了一套流行的办公室工作软件。这在办公室范围内绝对属于高科技，小阳做出来的PPT和表格既漂亮又好用，经理好几次当众表扬了他。

真正学进去后，小阳才发现工作的真正乐趣，幸亏自己当初没有离职，原来还有这么多自己没有掌握的东西。如果当初忍不住真的走人，不是从此丧失了更多学习的机会吗？对小郭的冷嘲热讽，小阳也看开了好多，学习内容一多，自然没有时间跟他较真，小郭也觉得没趣，反而主动和小阳搭讪，关系缓和了很多。

又过了三个月，公司行政部一名主管离职，空出来一个职位，经理把小阳叫到办公室，把一张推荐升职的表格递给他。小阳愣住了，自己只不过是“假戏真做”，竟得到这样好的结果。经理拍着他的肩膀说：“我考察你已经很久了，如果问我最看重你身上的哪个优点，我告诉你，是容忍。”

在接下来的一次同学聚会上，大家谈到彼此的工作，刘毅一拍脑袋对小阳说："小阳，你不是要换工作吗？我们公司最近在招聘经理助理，跟你现在的工作差不多，你来不来？"小阳愣了一下，摸摸鼻子，不好意思地笑起来："我不想换工作了，我觉得目前的公司挺好的。"

做了主管的小阳回忆自己半年来的工作经历，从走入歧途到改正过来步入正轨，再到今天的初见成效，多亏在艰难时刻自己悟出了道理，学会了容忍这一招。如今，他得把它当成一副"面具"，留在心里，时刻提醒自己——凡事退一步，或许就是海阔天空。

我爱"背黑锅"

一说到"背黑锅"这个词，有些人容易神经敏感，马上意识到这是一个充满怨怼和无奈的词汇。职场"背黑锅"更容易让人联想起哑巴吃黄连、"替罪羊"、牺牲式服务等相关的感受。谁愿意忍受"背黑锅"的痛楚呢？看着自己的诚实付出换回来的却是一肚子无辜，真想大声辩解。

可是你不知道，世界上有一种黑锅是可以背的。看完了连冰的故事，你或许就会知道，充当职场“替罪羊”无异于是对一个人忍耐力的巨大挑战，但是一旦认为这个忍耐值得付出，你就会耐心坚持，事过之后，很可能就迎来了柳暗花明。

连冰在工作岗位上勤勤恳恳，老板非常赏识他的能力和为人，但他没想到，“背黑锅”这种事居然有一天也能找上自己，而且自己居然有惊人的意志力，能够把这件事一忍到底。

连冰所在的公司主要生产一种加工机器上使用的精密刀具，公司规模不算大，里里外外都由总经理一个人负责，效益还不错。

连冰在公司已经工作五年了，是技术上的行家里手。老板非常欣赏他的能力，也信得过他的人品。他跟同事相处得也很融洽，平时他就把公司当成家，因此从没想过跳槽之类的事。

公司的产品属于高精度、高技术型产品，产品加工过程中对各道工序的要求非常高，这样生产出来的成品才能符合采购客户的要求。尽管公司的产品在业内已经树立了不错的口碑，但还是经不住一些客户的苛刻指责，以此把价钱杀到更低。

HU 公司是连冰他们公司比较固定的客户之一，该公司的采购员每次都横挑鼻子竖挑眼，可以说是最难合作的一家公司。只是 HU 公司的回款速度特别快，一旦验完货，总会以最快的速度付款。连冰所在的公司本来规模就不大，资金周转相对困难，客户及时打款无疑能解决他们的很多麻烦。因此，面对HU公司无比挑剔的检验员，公司宁可多付出一些耐心，把工作做到位，目的就是保住与HU公司长期合作的关系。连冰就是专门负责与HU公司接洽的技术员，因为他工作认真仔细、脾气好、遇事沉着冷静，老板把这个重要的客户交给他才能放心。

有一次，HU公司下完常规订单后，又专门在公司定做了5套精密的刀具，因为属性和其他普通刀具不一样，连冰打算专门给对方采购员进行使用培训，为此他精心准备了好几天，还把这个想法先汇报给了老板。到对方验货的那一天，来的不是平时跟连冰打交道的采购员，而是一位分管销售的副经理。问其原因，副经理的答复是双方合作多年，从未出现过任何闪失，这次因为负责来公司采购的业务员家里有事，提前请了年假，而他正好办事经过这里，就顺路把这批货带回去。

连冰皱起眉头，他想，副经理的业务范围是主管销售，可能对技术加工不是很熟悉，有关那批精密刀具的使用培训，看来他要多下一些功夫，尽量讲解得细致些了。想到这里，他带副经理检验完常规订单上的产品，走到那批特殊的刀具前，说明因为使用特殊，公司安排了刀具操作使用的培训，没想到对方显出一脸的不耐烦：“我看就不必了吧，我的工作很忙的，不是以前也没有什么培训吗？你让我把东西带回去就好了，我们有专门的工程师。”

“可是这批刀具的使用跟其他刀具区别很大，我是为贵公司考虑。”说话间，副经理不停打断连冰的话，接了好几个电话，显出一脸不屑，最后推脱说，HU 公司的技术人员怎么能不懂如何操作？如果操作确实出现问题，HU 公司会专程派技术人员过来接受培训，他的任务就是把这一批货物运回公司，把款项算清就 OK 了。连冰也没有办法，只能按他说的做。事后向老板汇报，并说出自己的担忧，老板反过来安慰他说：“如果有问题，HU 公司会派人员过来学习的，总之不是我们的责任。”

没想到过了两天，HU 公司气呼呼地打来电话，说公司之前向他们提供的那批精密刀具质量全不合格。连冰询问他们的操作方式，对方没好气地说：“还能有什么特殊程序吗？还不是像往常一样进行！”连冰一听，知道自己担心的事果真发生了，连忙在电话里把事情的原委跟对方诉说了一遍，对方也哑口无言了。

但是在接下来的交接中，对方之前来公司验货的分管销售的副经理，矢口否认连冰当时曾经对他做过任何特殊交代，更没有什么操作培训。“分明是他自己忘了这回事！”老板也被气得发起火来。但是对方的态度强硬，非得把责任推到公司这边，直接责任人就是连冰。抗衡了一个星期，对方没有一点儿承认错误的样子，而且步步紧逼，声称如果这次连冰的公司不承担责任，并给予赔偿，HU 公司以后将解除合作关系。这下老板傻了眼。HU 公司不管怎么样，相对于公司来说可是一个非常重要的客户，况且公司现在正处于销售淡季，还要靠 HU 公司的几个订单才能达到年初定下的利润目标，如果就这么解除合作关系，公司恐怕一下子就会吃不消。

老板满面愁容，答复对方的语气明显缓和起来。几天后，老板为了保住 HU 公司这个大客户，竟然决定丢车保帅，承认责任全在公司这边，并把责任人连冰当着对方的面狠狠批评了一顿，扣除三个月奖金，当月工资也被扣去一半。如此才算挽回了危局，保住了 HU 公司接下来的订单。

连冰当时痛苦极了，不相信一直信任自己的老板竟会“出卖”自己，明明知道自己是对的，还让自己替对方“背黑锅”。后来回到家，他躺在床上，仔细思考了整件事情的前因后果。

开始的时候老板也很维护他，口径始终保持一致，但是听到 HU 公司的威胁后，老板也开始变得力不从心。在这场空口无凭的争斗中，尽管责任全在 HU 公司，对方心知肚明，但他们要保住自己的面子。试想一下，HU 公司一个堂堂的副经理竟犯了这样的错误，传出去势必有损 HU 公司的形象。所以，对方公司就坚持到底不认错。自己这一方，虽然老板没有亲眼看到事情的全过程，但是每个环节他都已经及时上报沟通，以老板平时对他的信任，这次也绝不会怀疑他说的每一句话。但是公司的利益摆在眼前，在孰重孰轻的问题上，如果他是老板的话，也不会为了一个小小的技术员的面子而拿整个公司的利益冒险。老板是迫不得已，这个黑锅也只有连冰来背最合适。想到这里，连冰的满腹委屈终于散开，他决定一定要容忍老板的决定，把这个“黑锅”一背到底。

第二天上班的时候，连冰走进了老板的办公室，老板脸上显出几分愧疚，刚想开口，连冰笑着递上去一个文件夹，说：“为了巩固和HU公司的合作关系，彻底挽回这场危局，我打算安排一周时间亲自去HU公司进行技术培训，这是工作安排，请您过目。”老板先是一惊，随后眼光变得柔和，笑着站起来，拍了一下连冰的肩膀，什么也没说，只是肯定地点了点头。

Tips：“容忍面具”使用说明和禁忌

一、“容忍面具”使用说明

1.分清哪些事情是值得容忍的

职场如战场，职场也如生活，有好多事值得容忍，忍一忍海阔天空，所以才有了“容忍面具”。但同时也有好多事不值得容忍，也就有了“拒绝面具”。关键看你在乎什么，最终想得到什么。看来，在值得和不值得之间进行抉择才是至关重要的。

2.使用整体语境法

作为一个团队的领导，对下属的缺点要把握容忍的尺度，不要使用提取法而用整体语境法。忽视并省略掉情境单独去考量一个人，这样很容易因个人喜好，把一个人某一方面的特性放大，从而忽略最值得你去思考的其他方面。而把该员工放到公司整个运行流程中，看他的能力和德行对促进整体运作是正向的还是负向的，这样管理者才能较为全面地看到其短处和长处，达到知人善用的目的。不然管理者很难决定是否值得容忍员工身上的某一项令自己特别感到厌烦的缺点。

3. 职场小人物的成长路线图

对职场小人物的容忍与否带来的影响，和自身的利益休戚相关。我们的建议是坚持自知之明，千万不要自我刻意膨胀，把自己想象成至关重要的人物，认为自己的缺席会给讨厌的周遭造成什么天大的影响。

要明白每个普通人只是偌大职场里的一碗水，不管碗大碗小，一旦舀出去，瞬间就会有其他水来填充刚才的位置。你所在乎的还应该是自己的才能和成长；实在到了忍无可忍的时候，不妨再问自己一句：难道真的到了非走不可的地步了吗？如果现在的环境除了让你不能容忍的，还有自己依然想学而未学到的本领，不妨考虑继续留下来，像小阳一样卧薪尝胆，苦其心智，劳其体肤。一定要相信，你就是天将降大任的那个人。

4. 能屈能伸方显大气

还有一种情况，就是像连冰一样为公司的利益缺口壮烈献身，或者为了领导的迫不得已充当了重要台阶。如果不想当烈士，不想充台阶，也可以选择走人，因为错误毕竟不在你，你确实是哑巴吃黄连，知道内情的人只会同情而不会对你横加指责。要知道，你的上级作为关键人物，他把所有真相都看在眼里，不管别人说什么，他都不会对你产生误解，而且总会对你的自我牺牲精神怀有一番歉意。职场中重要人物的态度是你职业生涯的重要阶梯。

二、“容忍面具”使用禁忌

1. 容忍的期限是无限期

“容忍面具”的使用规则就是若想要效果历久弥新，最好一忍到底，不要自己主动说破，更多的妙处在于别人怎么看你。

拿连冰的故事试想一下，如果只是当时忍一下，事后对每一位同事说，自己不过是在给领导一个面子，为了公司利益，他连冰简直就是公司的英雄。待这些话传到领导耳里，这无异于是在邀功请赏，他本来抱有的愧疚之心被一下子打消了一大半；或者换个稍微狭隘点的老板，揭了他的短处无异于拆了台阶，一旦他下不来台，反而心生怨怼，“背黑锅”的人相当于做了好事，当不得好人。

2. “听”比“说”重要

使用“容忍面具”，最好观察大于言行，先思考后行动。不要急着下结论，先观察并积极思考，衡量眼前之事是否值得容忍。如果言行快于观察，很可能像邱总一样，犯下一时莽撞的错误。三思而后行，是使用该“面具”的辅助良药。

3. 容忍要有限

如果一个人的缺点压制或妨碍其长处的发挥，或者牵制到整个团队的运转，这是得不偿失的。一个道德不良者虽然技艺超群，如果犯了“举枉错诸直”的错误，就真是得不偿失了。对于管理者来说，即使员工业务技能再好，但他的“德”不行，也要忍痛割爱。

Part VI

如何掌握主动权

在企业的拓展训练活动中，有一项比赛叫魔板拼图，要求把十几块凹凸的模板按照形状咬合，在很短的时间内拼成一幅既定图形。这个跟拼魔方差不多的游戏难倒了不少人，因为它要求的不单是智慧，更是无数次淘汰试练的失败方案而不断投入重新尝试的速度，参赛者必须一次次发挥自己的想象，并且大胆重新尝试。

在不同的几个小组中，都会有扮演这样角色的人：

在一旁议论指挥，但却不参与动手的人；

依赖旁人的意见，别人说怎么拼就怎么拼，闲置自己的思维，甘心充当苦劳力的人；

抱着胳膊站在一旁，什么也不想，更不去做，好像是个局外人；

吸取别人意见，更要自己动脑，设置方案，并一次次动手去做的人。

这可能让人回想起了自己类似的经历，每一组任务的完成不管是快是慢，很大程度上是由最后一种人完成的。也就是说，在一项团队活动中，有想法、有创意，同时动手去做的人，会成为这个团队的中流砥柱。

本章中所说的“主动面具”能让你焕发出有目的、有计划认识和改变环境的自愿力，也就是我们常说的主观能动性。

马克思主义哲学认为这是人区别于其他动物的特殊属性。

回到魔板拼图的那个例子。只有热情却毫无头脑的实干者不能称之为主动；满腹经纶而不付诸实践的空想家也不能称之为主动；只有设想、实践双双具备的人，才能说真正发挥了主观能动性。它是一种自我提升的力量，暗藏巨大潜能，一旦发挥充分，它将成为你职场成功的原动力。

“最令人叹服的事实，莫过于人类确实能主动努力以提升生命价值。”这是美国文学家、哲学家亨利·戴维·梭罗说过的话。如果身在职场的你，普通平凡，确实感觉每天都在碌碌无为，生命的价值无从提升，这或许就意味着你该考虑一下是否该给自己换一副“主动面具”。用心去领会这副“主动面具”的妙处，它或许能激发你的活力与激情。

与其自怨自艾，不如主动出击

在职场中，经常会看到有一类人整天忙忙碌碌，几乎把所有的热情都投入到了有限的工作时间中，他们马不停蹄和时间赛跑，好像总有做不完的天大的事情。若被他们撞倒，他们可能连说句抱歉都是在跑步中进行的。如此兢兢业业不计付出的员工，能说他不主动吗？先别急着下结论，再仔细观察一下：他们对上级下发的指令言听计从，甚至把同事的意见也当成命令去执行，在这些人眼里只有执行，最好什么也不用想。确实，他们好像从来不关注自己的思考，他们最擅长的便是依赖别人的看法，好像工作的意义只在于匆匆忙忙本身。长此以往，当回报远远没有付出多时，但愿他们会停下来想一想，在工作中，自己到底缺失了什么？

艾米这个勤勤恳恳的例子应该让你警醒。请注意她的一言一行，直到主管丽娜递给她一副“面具”。用心体会故事的主人公艾米的变化，由此你就会知道，没准你自己也正处在需要这副“面具”来解困的时候呢！

艾米在一家外企公司的行政部门工作，她的主管丽娜是个雷厉风行的硬角色，但是人不错。艾米对丽娜真是既敬佩又畏惧，对丽娜的吩咐不敢有半点儿怠慢。她心想，自己平时手脚勤快些，比别人认真些，多付出些，不怕将来没有回报。

一个季度过去了，艾米在工作中勤勤恳恳，无怨无悔，脏活儿累活儿抢着干，还经常加班加点，但是季度末的综合考评还是让她沮丧到底。“我已经很努力了，但不知道为什么效率还会这么低。”艾米低着头在丽娜的办公室小声诉苦。丽娜沉默了一会儿，笑着对她说：“有的时候，在工作上，效率和努力是不成正比的。不知道你是不是明白我的意思，但是别担心，我会帮助你的。”艾米不懂为什么自己的努力会换来如此差的业绩，但是在接下来的工作中，丽娜确实特别关注了艾米，故意给她安排一些有挑战性的工作，帮她在工作中分析原因，解决问题。

公司刚刚装修完，技术部发现他们的会议室线路总是有问题，电脑连不上网，延误了工作进度，让人十分恼火。技术部没好气地找到负责这次装修的行政部，在丽娜的办公室大发雷霆，丽娜好言相劝，在技术部长面前打下保票，两天之内一定解决这个问题，不然给公司造成的所有损失由行政部承担。

大家都吐了吐舌头，不知道丽娜怎么敢说这样的大话。装修公司的人是一群极其精明的人，施工不负责任，还几次单方篡改协议提高价钱，只因为他们以前和公司的李副总打过交道，合作还算不错，所以李副总这次便把他们介绍给了行政部门。但是现在装修款项已经结清，他们更不会在两天之内解决问题，丽娜的承诺简直像天方夜谭。丽娜倒是很平静，把这事当成一件很普通的突发事件，她环顾部门所有人，把目光落在艾米身上，走近艾米笑着说：“别怕，这件事我会和你一起完成。”

第二天艾米起了个大早，先去装修公司进行交涉，目的就是叫来他们的人立即对故障线路进行抢修。

事实比她想象得还要糟糕，来到装修公司后联系相关责任人，前台说这事得找负责施工的项目部，到了项目部他们又说不清楚，只能找负责线路的工程师老王。不巧赶上老王上班迟到，艾米干坐着，足足等了两个小时。等艾米见到老王，给他看装修合同，老王又说他看不懂合同，有关他们公司的装修是经理说了算。没办法，艾米又来到经理办公室，秘书说经理正在开会，看样子，没两个小时完不了。艾米看看表，简直崩溃了，一上午的时间就这样过去了，她想还是赶回公司，把糟糕的经历汇报给丽娜，看她下一步的决策。

中午吃午饭的时间，艾米急急忙忙走进丽娜办公室从头到尾诉说事情经过，丽娜一声不吭，静静地听完。本来指望丽娜能指示个只言片语，没想到她却开口反问：“接下来，你想怎么办？”艾米傻眼了，支支吾吾不知道怎么应对。丽娜说：“事情还没有解决，总得有个结果吧。”

艾米草草吃完饭，只能硬着头皮再次回到装修公司，总算逮着经理了，赶紧掏出合同上前诉说来意。经理一看合同，好像想起了什么，对艾米说：“你们公司的线路在装修中是经过改动的，但是这次改动是你们公司主动提出的，我们只是照办，责任不赖我们。”说完，把合同甩在她手里转身走人了。

艾米又一次傻眼了，但得了经理这句话总比白来一趟强，赶紧回去，把经理的回话告诉丽娜。丽娜有些生气，指着合同说：“公司是跟他们协商进行了线路上的调整，但合同是协商之后签订的。艾米，这件事整个行政部的人都应该知道啊。”

艾米哆哆嗦嗦地说：“我是知道，但是装修公司非要这么说。”丽娜长出一口气，又让笑容回到脸上，说：“接下来，你想怎么做？”艾米最害怕的就是这句话，心里暗想，会不会是丽娜也知道这是烫手的山芋才扔给自己，只叹命苦。只得拿起合同和一堆资料，重新回到装修公司。这次倒是很快见到了那位经理，但是他马上认出艾米，一脸不屑地说：“合同归合同，我们公司有规定，进行维修需要新的费用，如果你能答应付钱，我马上派人跟你走。”

艾米倒吸了一口冷气，涉及钱，她可当不了家，所以又急急忙忙回到公司，面陈丽娜。这次丽娜笑了起来，不是因为事情本身，而是艾米的行为惹她发笑。“你看你一次又一次来回折腾，在我跟对方之间好像是一只传声筒。如果我需要知道对方是如何抵赖，只需要一个电话，那速度比你跑来跑去要快上万倍。可是电话是不能解决问题的，这就是我让你去的原因，你应该比电话要有用得多。艾米，做事要主动一些。我只是想要一个事情解决的结果。现在知道你的业绩为什么低了吧。”艾米低头站在那儿，不知怎么做。丽娜拍了拍艾米的肩膀，拉着她一起前往装修公司。

丽娜把合同和一堆资料扔在经理办公室的桌子上，没等这位经理说话，先开口说：“您知道，这次我们公司之所以和贵公司合作，就是因为贵公司总经理和我们李副总的关系，您不好让我为这样的小事惊动你们总经理吧。再说，我们公司也算大公司，同行业总有一些关系，三天两头有兄弟公司装修请我们做推荐，您说，我能不帮您忙吗？”这位经理闻之，连忙笑脸相迎，像换了个人一样，已经到了下班时间，十分坚决地说明天一早一定派人过去维修。

艾米跟着丽娜走出来，心里很不是滋味，没想到自己折腾了一天时间，丽娜几分钟就摆平了。自己没有能力，还去怀疑她，这太不应该了。丽娜好像看出了艾米的心思，说：“不是你没有能力，是你根本没有考虑该怎样去做，我要你主动一些，说的就是这个道理。属于你的工作不要企图依赖任何人，领导分配给你工作，要的是结果，是成功的结果。你看这事其实并不难，只要你想解决掉它。”丽娜把一副“面具”塞到艾米丽手里，“它的名字叫‘主动’，试着戴上它，照我刚才说的去做，以后它会不断提醒你，战胜自己。”

第二天一上班，艾米和丽娜等了两个小时，装修公司还是没派人来，看来，这次他们改换了拖延的战术。丽娜朝艾米使了个眼色，艾米心领神会，点点头又一次出发，去了装修公司。见到那位经理说明来意，他果然没忘昨天的承诺，只说事情太忙，等几个小时一定派人去，还让艾米先回去。艾米才不相信他的诡计，想想昨天丽娜的话，艾米四处看看，见工作人员正在陪同一些人参观公司，非常谦恭，想必是有意和他们合作的客户。她脑子一动，大声朝那几个人嚷嚷：“您这么言而无信，刚刚拿了我们公司的钱就不认账，还怎么让其他客户相信您……”经理赶紧把她拉到一边，这次彻底屈服，小声说：“你说怎么办？”艾米见事态回转，立马强硬地回答：“马上派人跟我走！”

线路修复工作如期完成，艾米轻松地呼出一口气，她的业绩为此重重地添加了一笔。在后续的工作中，丽娜把一堆发票交给艾米，让她整理好去报销。艾米把发票整理好，她刚想站起来拿给丽娜，突然又一次看到那副“面具”的影子，如梦初醒。又差点儿犯了老毛病。艾米马上坐下来，重新查看发票，把各种数据都认真地清查了一遍，仔细分析了一下，把分析结果记录在案，然后重新站起来。

果然，丽娜在签字之前边翻看发票边问她："这次哪方面支出过多呢？""交通费最多，占总支出的1/3，我想以后出门，如果时间来得及，尽量不打车。我会建立一个表格，把每次的花销记录下来，年终分析时就不会再手忙脚乱了。"丽娜签了字，抬起头朝艾米欣慰地笑了起来。

要主动影响而不是被动接受

在畅销全球的《高效能人士的七个习惯》这本书中，作者史蒂芬·柯维提出了关注圈和影响圈的理论。

关注圈是你主动去关心的人和事物的总和，影响圈是你可以施加影响的人和事物的总和。对个人来说，关注圈是被动的，你不断从外界获得信息，受到外界影响；影响圈是主动的，因为是你主动施加影响于外界。

史蒂芬·柯维说，积极主动的人总是比较关注影响圈，他们总是积极地做好自己的事，让外界受到自己影响，从而扩大影响圈。不擅长主动的人实质在乎的是关注圈，他们太过于在意别人对自己的影响，以至在行动中丧失了自我选择的自由。

有没有发现，有时候上级让你起草一份报告，不满意再修改，一连改过几次，最后却绕回你最初的意思。这样，你的努力费了一圈的周转，其中的价值会迅速贬值。大家只会想到这份报告是经理让你改出来的，而非你自己做出来的。但是你会说，即使如此，在上级面前，也休想放肆一把，试图去影响他。罗兰的妙计正好相反，就是瞅准时机，在上级面前心安理得地戴上“主动面具”，迅速壮大她的气场，去影响对方的决策。

办公室的秘书总是特别奇怪：为什么罗兰的报告每次都能很快通过，不费什么周折就让经理满意，还会当众把她夸奖一番。要知道经理这人可是一个会鸡蛋里挑骨头的人，再完美的报告交到他手里，第二天也会被圈圈画画，指出一堆不是。大家都说，我可不期盼自己的报告递上去能够一次通过，只要下次不让重写就算成功了。

大家宁可在经理不在办公室的时候把报告放到他办公桌上，也不愿意当面交给他，万一经理问几句，答不上来不知道又要挨多少批。王君是罗兰的同事，她现在还记得上星期经理让她起草一份报告，当她向经理了解相关情况时，并没有得到明确回答，经理只是告诉她，你就写好了，自己把握，完成了再说。结果这份报告前前后后修改了十几次，耗用了她一个礼拜的热情，而且其间还夹杂着经理随时不满意的批评。改来改去，终于敲定，王君心里大惊，因为经理挑中的就是她第一次在报告里说明的意思，相当于坐了一路的冤枉车，拐来拐去，却发现原来绕了一个圈。

王君这才明白，其实在开始的时候，经理心里也不确定到底需要一份怎样的报告，随着不断改动和深入思考，才慢慢有了主意。王君跟大家诉苦，没想到其他人的抱怨声中也不乏如此的经历。没办法，他们还要继续接受这种折磨。王君的眼光转向从不受这种苦难困扰的罗兰。罗兰笑一笑："我们都需要另外一副'面具'。等到下次，我教你们怎样主动出击。"

很快，办公室的人又在分头负责项目，紧锣密鼓地各自起草报告。王君担忧地向罗兰求救，罗兰拿着手里写完的报告，对王君说："接下来，你要好好观察，我可从来不在经理不在办公室的时候，偷偷把报告放他桌子上。相反，我得当面跟他谈一谈。"王君满腹狐疑，看着罗兰走进经理办公室。

罗兰把报告递给经理，他随手打开装订这份报告的文件夹，翻阅起来。这时，罗兰说："如果您现在有时间，我想先跟您简单说一下这份报告的情况。在起草这份报告时，触发了我一些其他的想法，给您简单汇报一下，或许可以节省您阅读它的时间。"经理很高兴地笑了笑，这种类似于交流思想式的上下级谈话，正是掌握员工思想动态的最佳时刻，一般团队的领导都不会错过。经理示意罗兰坐下，开始听她讲下去。

罗兰不慌不忙，显然经过精心准备，从讲述的条理到行文逻辑，特别是针对文中几个观点的提出，有理有据，讲出了报告的主要内容，其中还引用了经理经常在会议上所做的批示。她的叙述条理清晰，对方不看那份厚厚的材料，也已经听出了其中的有效信息。经理一边仔细听罗兰的叙说，一边心不在焉地把报告翻上两页。罗兰边说边看经理的神情，看到他不停地点头表示赞同，便在经理点头并附加微笑的地方具体展开，详加论述。

罗兰说完的那一刻，经理报以赞赏的微笑，说："罗兰，你的报告很有见地，好多地方我们想到了一起。报告我看完会尽快给你答复，请耐心等待。"罗兰退身出来，向王君举起右手，做了个胜利的手势。

罗兰把王君拉到工位上，小声说："怎么样，看到'面具'的威力了吧？"王君皱起眉头："什么'面具'？"罗兰说："主动出击啊！你问我的报告为什么能逃脱一再修改或重写的厄运，这就是我的秘诀所在——主动出击，你就可以影响他的决策。"王君略有领悟，瞪大眼睛说："你是说经理会按照你的思路去思考？"

罗兰说："没错，你没有发觉，在很多时候，上级在分配给我们任务时，其实他的思路也不是很明确，甚至毫无想法，我们冥思苦想出来的结果，即使很有价值，也会被他的个人喜好挟持，逃不脱被否定的命运。最后转了一圈，还是觉得原来的好，还得再让你改回来。我们分明做出了努力，为什么不让他看到呢？即使我的观点不完全正确，有待思考、有待检验，在领导还没有思路的时候，为何不让你的思路去或多或少对他产生影响呢？我觉得说总比阅读来得快，而且效果好。有句话叫‘先入为主’，率先让他了解我这份报告的大致情况，他就会按照了解的情况去审阅它，你的好多观点再一次在领导那里被印证被强调。经过思考，如果确实有道理，他当然会照单收下。当然，我说的这些写在报告中可能对他产生影响的观点，可是经过认真思考之后的结果，不可能违背公司和领导一贯的做法。”

王君会心地笑了一下，说：“确实，我看经理一边听你说，一边点头，有的时候还会心一笑。”

罗兰说：“这也是一个很重要的信号，说明这个地方是他感兴趣的，正是关键所在。即使没有收到他的反馈，我也会自己把这部分好好完善，看还有没有深入挖掘的可能。”

王君对罗兰笑一笑，感激地说：“你说的主动出击的‘面具’真是不同凡响，原来里面有这么大的学问。都怪我们平时一见经理的脸色，只知道害怕，竟没有想应付的对策。”

罗兰也跟她一起笑起来："要是不想一遍一遍写报告，就得壮起胆子，不尝试怎么知道不成呢？"

果然，在接下来的信息反馈中，罗兰的报告经过最小改动即过关，还被经理当成部门的典型，大加表扬一番。

在接下来的几次部门会议中，王君继续观察罗兰的表现，她发现，大家的习惯是在经理抛出讨论的问题时，几乎在同一时间低下头做沉思状，连一点儿回应的声音都不敢发出，生怕被点名回答。大家脑子里一片空白，只被紧张占据，还不停地祈祷——千万别叫我，其实经理还从来没有当众批评过一个观点错误的人。会议的前半场就像决定生死的抽签仪式，抬起头的只有两个人，一个是紧握生死权的经理，另一个就是罗兰。罗兰在这种时候从不低头，而是拧紧眉头思考，一旦成熟，她会向经理举手表示自己可以发言。

久而久之，会议上一有问题，经理就会自然地把目光投向罗兰。这次会议的主题是为一个项目起草合同，罗兰的发言不停地被经理赞同，还夹带着一些经理的补充，很快她的大部分意见形成了最后决议。经理笑着对罗兰说："你的表现总是不会让人失望。"王君现在彻底明白，为什么罗兰会在他们这些人中脱颖而出，成为经理频频关注的焦点。她那张主动出击的"面具"几乎处处为她赢取了胜利的机会，相比之下其他人，却是在把机会拱手相送。

不出王君所料，没过几个月，罗兰便被公司升职加薪，她也从罗兰那里学到了很多，至少得到了那副名为主动出击的“面具”。现在在公司里，王君凡事都要提醒自己思考在前，递交报告时，也会找时间提前告诉经理自己的想法，会议上也能试着举手表达意见。用经理的话说：“王君，你工作很努力，现在真的改变了很多。”

用主动争取延缓热情的退去

在职场打拼多年，看着新来的小弟、小妹活力四射，好像身上有使不完的干劲，你会不由得在一旁冷笑，心中暗想，别急，这才几天，有你们油枯灯灭的时候。每天面对重复了上百次上千次的工作，你可能自己觉得轻车熟路，不用紧张，精神高度放松，无论发生什么情况，你这位职场老员工都能迅速摆平，把问题处理得不留痕迹。而那份刚入职场的热度，也逐渐冷却。

社会发展的速度在加快，工作节奏也跟着提升，职场活力保鲜期越来越短。有调查表明，一般人员在同行业同岗位的职业热情保质期超不过半年，半年以后怎么办呢？好像只有两个选择，接着混日子或者换个地方混日子。枯燥无味的工作已经不能激起你的工作热情，该是时候换副“面具”应对时局了。如果你不积极主动跟上职场的步子，你就会被它淘汰，不要等到出局的那天才幡然醒悟。

苏珊在办公室工作了10年之后,自认为是这儿的“大姐大”。现在自己根基稳固，各方面通通吃得开，对日常工作早就没有往日的热情了，对什么都打不起精神，事情能拖就拖。反正一天就8个小时的工作时间，自己闭着眼睛都知道下一刻会发生什么。她仿佛患上了情绪拖延症，直到有一天才突然被惊醒。

跟随苏珊的脚步，你可以反观自身，如果大家都有“沉舟侧畔千帆过，病树前头万木春”的感受，那就赶紧戴上“主动面具”，积极赶上前去，还为时不晚呢。

屈指一算，苏珊已经在办公室待了10年之久，当初来到公司，她还是个刚踏出大学校门的孩子，可现在已经成了一个4岁宝宝的妈妈。在公司工作久了，经历多了，自己的精神反而懈怠了，什么事都提不起她的兴趣。同事们在一起议论工作、生活上什么话题，她也懒得参与。每天躲在办公室的“小格子”里，处理完亟待处理的事情后就开始无所事事，工作上更是能拖就拖。公司要求员工每天下班前汇总一天的工作，完成工作日志，每周以部门为单位上交一次。苏珊想，有什么好写的，她闭着眼睛都知道明天以及后天将要干什么。苏珊的工作日志不是在周一就是在周五，一下子写完一个星期的。

经理号召办公室员工学习一款新的办公软件，学成之后可以提高工作效率。苏珊想，有什么好提高的，她现在大部分的时间都不知道干什么，不就是那几样重复来重复去的工作——找客户、等着对方下订单。10 年来，她手中积累的客户名片早就一大摞了，吃定几个熟人，一个季度的活儿就搞定了，不像那些刚来的新手，为一笔订单愁眉苦脸好几天。

晓晨是刚毕业的大学生，最近被分来办公室，总是有不明白的问题，问这问那，问到苏珊头上时，她不耐烦地对晓晨说："忙着呢，问别人去。"晓晨很尴尬，自此再也不敢跟苏珊套近乎了。

最近苏珊迷上了"偷菜"的游戏，正好打发在办公室无聊的时间。只要领导不在，她便两耳不闻窗外事，一个人玩得不亦乐乎。有一笔订单，苏珊心里很清楚，对方答应在 13 日至 16 日期间给她回复，按照常理，她应该主动给顾客打电话提醒或者询问一下，以防出现什么闪失。但是只要一萌生这个念头，苏珊就会安慰自己，对方是自己的老客户，已经合作 3 年多了，不会有闪失的。再说对方说了回复的时间是 13 日至 16 日，现在才14日，还有两天，着什么急呢？所以苏珊依然心安理得地在办公室偷她的菜，自信地认为一切都在自己的掌握之中。15日那天是周五，对方还是没有消息，可是16日赶上双休日，这样一来，就得等到18日才能跟对方联系了。

苏珊凭直觉认为，应该在15日这天给对方打电话，可是看着电脑屏幕上的游戏画面，她的心思又一次转移了，能有什么闪失？不急不急，还没到最后期限呢，到了再说也不迟。这一次，经理曾经打电话询问这批订单的事，嘱咐这个项目很重要，让苏珊盯紧点儿。“放心吧，合作3年了，对方的脾气我摸得很透了，不会有什么闪失的。”苏珊这样回答经理。

这样，过了一个礼拜，等到下周一中午快要吃午饭的时候，还是没有对方的电话，苏珊这下坐不住了，赶紧给对方打电话询问订单的事。对方好像早就忘了她这回事，一查记录才告诉她，在上周五的时候已经跟另一家公司签订了合同。这下苏珊傻了眼，急急质问：“可是，你们已经答应13日至16日给我消息，怎么在这之前就改变了主意呢？至少应该先通知我一下吧！”

“可是16日是休息日啊，我们本来一直等着你的电话打过来，再谈一谈价钱，事情就定了。可是没有接到你的电话，我们以为你并不是很在意这笔订单，杀价的可能性比较渺茫。

又赶上第二家公司这时候打来电话，非常有诚意，条件又比你们公司优厚得多，所以我们就选择了这家公司。”苏珊的耳朵里一片轰鸣，再也听不进对方说的话，挂了电话脑子里空空的。她的订单居然被别人抢走了，10年来从来没出现的事，难道真是自己出了问题吗？周五那天自己为什么就不能给对方打个电话呢？条件可以再谈，这是经理嘱咐过的，只要拿下这个订单，一切都好说。唉，这下完了，她已经向经理打了保票，这回让她怎么交代呢？

苏珊沮丧地低着头，从经理办公室出来，连午饭都没有吃，心里不断想着经理的话：工作越久越不上进，业绩也大不如以前，做任何事都缺乏主动性，不积极不努力，给公司造成了无法弥补的损失。这么多问题，她自己怎么就一直没有察觉到呢？是不是因为这次失误，经理把批评别人的话也一起加到我头上来了？苏珊怀着一丝侥幸，寻找着替自己开脱的理由。

正在这时，办公室的其他同事一边哈哈大笑，一边集体往门外走，肯定是谁有值得庆贺的喜事，约大家一起去吃午饭了。苏珊还想，出去吃也好，大家高兴一下，让自己暂时忘了经理的批评吧。可是她坐在工位上，直到同事们都相继离开办公室，也不见有人来邀请自己。最后离开的玛丽拉着苏珊说：“今天晓晨请客，快走，我们快赶不上他们了。”苏珊脸上似笑非笑：

“你去吧，晓晨没有邀请我。”

这一天中，苏珊不是生经理的气，就是生晓晨的气。临近下班，她突然转念一想，自己已经多长时间没有和晓晨说过话了？自从那次她伤了晓晨的心以后，她们之间好像再也没有笑着喝过一杯午间咖啡，或者开一句玩笑。不仅是和晓晨，办公室相继来了几个年轻人，她甚至到现在都叫不上来他们的名字。她跟大家越来越疏远了，原因在哪里呢？经理的话又一次在苏珊耳边响起。

确实，在这些新同事面前，她从来都没有主动搭讪过，更没有介绍过自己，办公室的事情只要不关乎自己，她从来没有主动关心过。在公司，她丧失了一切主动性，每天被钟表拖着走，走够8小时，就拎包走人。这样的生活不仅单调无趣，而且危机重重。她抬起头，同事们已经离开自己的视线，她真怕再也回不到他们身边了。

反复思考了一夜，苏珊决定给自己换一副重新充满活力的“面具”，不仅要对得起同事们和工作，更要对得起自己的内心。一定要积极主动起来！

第二天，她拿到办公室三样东西：一个小时钟，一个文件箱，还有一袋奶糖。苏珊挨个工位给大家送糖吃，笑着说，今天是她家宝宝的生日，下班后她请大家吃饭，一定不能爽约啊。同事们都愣住了，平时板着脸的苏珊今天突然换了一张脸，充满阳光和自信，看来，她决定改变以前的状态了。大家笑着答应了，从她手里拿糖吃。苏珊把一人把糖塞给晓晨，晓晨不好意思地说：“昨天我请客没有邀请你，是因为我觉得你可能不喜欢我。真是不好意思。”“哪儿有呢，放心吧，以后不会了。”

跟大家分享完快乐，苏珊在自己的椅子上坐下，把那个时钟和文件箱放在桌子上，给时钟上完发条，开始整理乱成一团的文件和文件夹，按照轻重缓急的顺序放入文件箱中。打开电脑，找到那款游戏，点击卸载，然后深呼一口气，对自己说：“我准备好了，重新开始吧！”

Tips："主动面具"使用说明和禁忌

一、"主动面具"使用说明

1. 结果为王

领导交给你一项任务，要的是结果，而且他最感兴趣的也只有结果，关于中途解决问题的过程中遇到什么难题，那是你自己的事情。即使原因特殊，你真的无法给他想要的答复，呈现的回答也应该由三部分组成：一是目前事态；二是为什么无法完成；三是改变现状，以期完成的一些建议。切忌在问题和领导之间简单地充当传声筒，就像艾米一样。除非你当初是被派去跟进事情进展，需随时报告看到的、听到的一切信息。

发挥主观能动性的目的即为得到最终结果，不管你决定采用怎样的方法，都应该以得到结果为最终目标。只要你愿意动脑筋，肯积极主动地完成任务，总会想出方法来。若是盯着前面那个结果，行动起来，打破一切障碍，那么成功就是你的。

2. 文件箱和时钟的妙用

工作状态欠佳，精神涣散，这时候调节的方法是需要积极主动的。该怎样保持主动的状态呢？苏珊的办公桌上放上了文件箱和时钟。

时钟起到的是提醒的作用。按照总的工作进度，给自己负责的项目制定期限，用时间不停地提醒自己。哪个时刻该干什么，不该干什么，对时间做出承诺，以必将完成的心态积极去面对。跟着时钟走，你就不会落在别人后头，这是保持主动的一个秘诀。跟着时间走，不给自己留有沾染不良习惯的机会。

文件箱可以存放各种资料。苏珊按照轻重缓急的顺序把它们整理好，紧急的放在最上面，其次的放在下面，以此类推，并定时对文件箱进行清理，防止有积压过期的事情没有处理，也随时甩掉不必要花费时间去解决的文件夹，节省自己的精力。随时查看你的文件箱，时时提醒自己需要及时完成哪些任务，保持主动的常态，自然不会滑向懈怠。

还有，苏珊决定改变的那天，把乱糟糟的办公桌收拾得那么干净，这也在提醒你，脏乱的办公环境，的确影响积极的情绪。每天下班前整理好自己的东西，给第二天上班的你一个舒爽的心情，这不也是保持积极主动的好习惯吗？

二、“主动面具”使用禁忌

1. 不要在领导思路明确时提出要求

在第二个示例中，如果你想像罗兰那样用自己的智慧去影响领导的决策，一定要选好前提和主动出击的时间。你可以看到，她是在经理还没有任何思路的前提下采取主动出击的，以先入为主的优势，让自己的思路占据对方大脑，让那些有见地又有把握的观点走捷径进入领导的考虑范围。

如果情况相反，领导解决问题的思路已经很明确，你的解决方案纯属和他对着来，这时的主动出击只会被认为是挑衅权威，除非你有十足的理由证明他的方法是错误的，不然很难达到让对方信服的目的。

2. 不要在领导忙碌的时候提出要求

罗兰选择在经理闲暇的时候面呈报告，此时经理没有大堆公务缠身，也没有任何压力，正是有时间停下来换个思维倾听你陈述的时候。人在轻松的时候，放弃一切紧张情绪，是最容易接受外界信息的，罗兰正是抓住了这个时间空当，所以她总是能获得成功。

如果此时办公桌上文件堆积如山，经理正埋头在公务中头昏脑涨的时候，即使给你时间陈述，他先前的厌恶情绪也很难让他心平气和地听完你的话。

Part VII

后退是为了更好地前进

在职场中一提到“退让”，大多数人的第一反应可能是退缩认输，委曲求全。其实，“退让”这两个字的含义远远没有你想得那么简单。它并不是在任何情况下都是贬义的，恰当使用这副“面具”，只会让你在职场感到轻松自如，而没人会说你是胆小鬼。因为它能促使事态朝着和谐健康的方向发展，留给你更多回旋的空间。不妨把我们这里所提到的“退让”理解为给自己准备的一个台阶，等到“高处不胜寒”时，正是它派上用场的时候。

谁也不想在职场中刻意树敌，即使是身在高位稳坐第一把交椅的 The Big（大人物），权力大到不怕得罪任何人；或者是又专又精的核心骨干，不怕此处不留人，随时都可以拍屁股走人。

职场浩大无边，从容应对其中是每个人的理想。当你决心奋发努力，从一个底层岗位向上攀登时，或者是身为团队首脑，在万人之上发号施令时，你会发现，有时事态的发展事与愿违，向前的道路越走越窄，仿佛走进死胡同，周围的人际关系渐趋僵化。自己真应该退回几步，给自己、给别人找个台阶，方能与身边的节奏合拍，这正是本章要教会你的方法。

适时退让一步，给自己减减压，不要那么累，这样做不但不会让你变成软骨头，反而会让你在对方眼里更有人情味儿。一味绷紧神经不会有更好的结果，变一变脸，看看你是否可以轻松应对职场关系。

不要为了赞誉而过度消耗自己

办公室经常会有这样一种人，能力很强，也舍得花力气拼命，不久他们就在同事中崭露头角，成为众人仰慕的“办公室英雄”。这种人通常有一个癖好，对任何事都喜欢大包大揽，特别是别人搞不定的高难度任务，更是当仁不让，抢着承担。当周围的赞美声不断涌来时，正是办公室英雄们无比陶醉的时刻，但是慢慢地，另一种不满情绪会逐渐替代他们心中的满足感。既然能干，就能者多劳，办公室同仁对他们产生的依赖越来越让他们吃不消，凭什么一个级别，一个工资水平，自己要白白比别人付出那么多？不平衡感加剧，可是你已经被众人抬举到英雄的高度，想下也下不来了。

以上的办公室英雄们多半情绪急躁，手脚麻利，思维机敏，见不得别人拖拖拉拉，慢手慢脚，属于主动的“进攻”型，他们很少能想到处理事情的另一面——退让。

此外，所谓曲高和寡，你太突出，终究会招致别人的嫉妒和猜疑。

办公室英雄们该照镜子看一看，一贯的高傲表情已经不能再锦上添花，换一副表情的时候到了。

办公室的同仁都说，孟柔简直太能干了！不仅是本岗位工作，就连法律、财务上的常见问题，也难不倒她。新来的出纳小张，有问题还要举着账本一路小跑，笑嘻嘻来请教人力资源部门的孟柔。办公室的打印机坏了，负责后勤的老张刚要叫人打包运送到维修部，孟柔一声“且慢”，埋下头一阵倒腾，竟然让它重新正常使用了，使在场的男同胞感觉汗颜，孟柔脸一红：“以前我在别的公司干过。”

看一看她的简历，确实阅历丰富，把各种经历叠加起来，如果她有分身术，几个孟柔就能组成一个完整的人力资源部了。有人问：“不对呀，孟柔，你能力这么强，哪个公司都不会轻易放你走的，但是看你的简历，怎么没几年换了这么多公司？”她长出一口气：“累呀。”

孟柔聪明，手脚利落，做事三下五除二，别人用两个小时干的活她一个小时就能搞定，接下来的一个小时干什么呢？她竖起耳朵搜索办公室的问题死角，专门找有挑战的任务，别人搞不定，她孟柔却一举拿下，这不是能力是什么呢？

她太在意别人的赞美了，那感觉就像飘在云里，软绵绵、美滋滋的非常舒服。孟柔成了办公室的能人，什么问题，只要喊一声，她都能轻易解决，她成了大家的“靠山”，成了经理的左膀右臂。孟柔本来就是个急性子，越发看不惯手脚慢慢腾腾的同事，看他们干活，简直是一种折磨，与其站在旁边急得搓手，还不如一把抢过来自己干完算了。

经理交给她和小王一个任务，周六前完成新的工资分配方案的制订。数据收集和分析是小王的事，孟柔点子多，脑瓜快，负责的是方案的核心部分，也就是在小王收集的数据基础上撰写新方案内容。三天过去了，小王倒是每天都勤勤恳恳，就是进展缓慢，她的埋头苦干，在孟柔眼里简直就是放映慢镜头电影。再也忍不了了，孟柔说声“这样干也太慢了”，也不管小王的表情，就干脆抢过小王手里的活，自己噼里啪啦干起来。

小组开会讨论问题，经理的问题刚抛出，别人还在思考中，孟柔的答案已经成型，几句话一说，正中经理下怀：“没错，就像你说的这么干。这个方案由孟柔负责，明天下班前交给我，有问题吗？”当然没问题。于是其他同事干完手里的活开始闲聊、上网，优哉游哉，孟柔一个人忙得不亦乐乎，能者多劳，谁让她太能干了呢？别人做不了的只有她能做，她不做谁做，不但上班8个小时完全饱和，还要挤时间加班，有时甚至还要占用周末的时间。她越是能干越是让同事对她产生依赖，大家都习惯了喊她帮忙，他们只需要站在一边，端着茶杯，看孟柔把问题搞定，说上几句赞扬的话，坐享其成就好了。

渐渐地，大家事无巨细，连"打印纸放在哪里了"这样的问题都要她出面解决，她成了办公室的管家，经理更是一天也离不了她。刚开始，孟柔还蛮陶醉这种被人依赖的感觉，但是时间长了心里越来越不是滋味。她逐渐产生疑问，按照岗位级别和职责，为什么她和大家都是同级，却要付出比常人多好几倍的辛苦？这时候，同事的眼光开始变冷，玩笑话也开始刻薄："你能干啊，叫我怎么行，谁不知道你是女强人啊！"孟柔心里委屈，真是有苦说不出，从早忙到晚，得到的却是别人的冷嘲热讽。

新的工资方案出现问题，遭到公司一些部门的抵制，经理在会上大为恼火，质问当初负责该项目的小王和孟柔。小王耸一耸肩："你应该问孟柔，主要思路是她拿的，我怎么知道是怎么回事。"孟柔有口难辩，只能打掉牙往肚子里咽。连续几个月忙得晕头转向，感觉再这样下去非垮了不可，好不容易请病假准备好好休息两天，从早上8点起，公司的电话一个接着一个。难道没有她，地球都转不起来了不成？难道自己好强能干也错了？难道自己又遇到了职业障碍，非辞掉这份工作不成？孟柔一肚子疑问。想到自己很难客观看待这些问题，只好去找同学徐丽谈心。

徐丽听完孟柔的倾诉，微微一笑，给她分析："换位思考一下，要是别人抢了你孟柔的工作机会，抢了你展现自我价值的机会，你会不会跟人急？抢了别人的工作，本来就是你的不对，问题不是你太能干，而是你什么都愿意干。不要一味向着'问题'进军，你得想着何时该退下来，看来，你必须给自己个台阶下。"

孟柔听着徐丽的分析，一边思索一边点头。她说的一点儿不错，完全是自己的一味好强，害得现在这么累，和同事的关系也不断恶化。往常只想着向前冲向前冲，却从来没想过退一步会是什么样子。既然不知道，不妨像徐丽说的，先退一步看看事态发展，权当给自己个台阶下。

再参加部门会议，孟柔会强忍着自己的想法，等经理第一个问到她，她笑笑退一步说，我还没想好呢。直到有人发言，她才在旁边加以补充。在工作中，她强制自己收起焦躁的脾气，退一步，耐心等待；发现上司走了弯路，只是旁敲侧击，简单提出建议供对方参考，再也不会把工作抢到自己手里。如果时间来不及，她也会想出应对的办法，大不了退一步，直接找到经理，跟他摊牌，因为时间真的来不及，能不能宽限几日，再也不压榨自己的休息时间点灯熬油了。

她真的从一堆焦躁的问题中退了出来，把问题让给该面对它的人解决。“孟柔，这个到底该怎么弄？”“真对不起，这个我也不会。要不我们一起上网查查吧。”即使是帮忙，她也不会风风火火，只是从旁提出建议，不会大包大揽拿到手里。和同事商讨方案对策，她会首先倾听别人的意见，把自己的想法放在一边，即使是完全正确的，也不第一个说出来。问题解决的速度放慢了，但是同事投来的目光却和善了。一段时间下来，她感觉自己的工作逐渐变得从容和谐，不再是飘浮在云里，而是踏踏实实站在地上。

俗话说“忍一时风平浪静，退一步海阔天空”。孟柔现在才算明白退让的益处。工作要想干，永远也干不完。一个人的力量到什么时候都是有限的，不要指望自己把所有问题都扛下来，那不是别人高看你，而是你自己过分自以为是了。少了谁地球都照样转，而英雄和硬汉的包袱如此沉重，盛名之下，处境又如此危急，她差一点儿就被这“英名”拖垮了。谁都不是永动机，学会心疼一下自己，给自己个台阶下，也给别人多一些发挥的空间，不当英雄也没人说你是懦夫。让那些问题，回去找它们该找的人去吧。

没人欣赏自己时该如何自处

总有人说付出和收获是成正比的，可是在职场中，有时却总是努力越多收获越少。更有甚者，坏事闲话一箩筐，都伴随着你的努力劈头盖脸地压下来。前进的压力越来越大，搞得人简直要窒息，工作的热情几乎完全被这种负面影响消解掉，你像是一台出了问题的机器，磨损率远远高于产出，你不知道自己能运转到什么时候，方才能量耗尽，彻底报废。

如果是这样，你应该停下一直向前的脚步，仔细给自己做一个全面的体检，要知道，这个问题不解决，你终有一天会因此含冤而被淘汰出局。如果努力的结果总是碰壁，是不是说明努力本身出了问题？你要知道，世间没有绝对的好坏，努力也是一样，并不是所有的付出都能得到好的结果。既然努力有利有弊，为何非要一味向前，害得自己不停为这股蛮劲儿受罚埋单呢？万事都是不断发展变化的，没有一成不变的方法可以应对已经改变了的现实。

适时停下来，放慢速度，好好检讨一下自身的问题，调整一下努力的方向，也不失为上上策。俗话说“磨刀不误砍柴工”，与其不停握着一把钝刀枉费力气，不如先放下手中活计，好好修理一下你的柴刀。

如果说嫣然身上出众的能力是别人比不了的，那么能够得到上级的赏识则是她更大的幸运。千里马常有，伯乐却不常有。生又逢时是她能够取得今天这些成就的主要原因。同事们都嫉妒得半开玩笑，说嫣然找到了一个好靠山，要风得风要雨得雨，真是出尽了风头。她自己也暗自得意。当然，与上级的良好关系可是凭借自己的资质和能力争取来的，别人再嫉妒也不可能把荣誉从自己手里抢走。可正当她春风得意孤芳自赏时，事态急转直下，她真的有些傻眼了。

嫣然进公司已经 7 年了。在这 7 年中，她做事勤奋刻苦，凡事积极上进，加上自己本身天资聪颖，博得了公司领导的信任，从同事中脱颖而出，由一个普通的行政职员一路升至主管、办公室主任。不久前，老总向她暗示人力资源部总监的位子空缺已久，嫣然心中暗喜，自己努力多年，梦想终于近在眼前了。

正值春风得意的嫣然成了公司的“风云人物”，老板对她的赏识和信任使嫣然的才能找到了恰到好处的发展空间。只要经嫣然提议的方案、规章措施，老总一般连过目都免了，而且会全力支持她的做法。嫣然明白，她今天的成功，和老板融洽的关系是凭自己 7 年职业生涯日积月累、勤奋苦干的结果。

但是，她也不是没有耳闻公司一些人的风言风语。里面夹杂着嫉妒，说什么她算是背靠大树好乘凉，用溜须拍马的招数把总经理巴结得团团转，全公司成了她一个人的天下。而且一个不争的事实是她和总经理是老乡，嫣然进公司的时候总经理还只是公司的副总，正是经过这位副总的推荐，她才进到最初岗位的。

人在高处，总是曲高和寡，人事经验丰富的她又怎么不明白这个道理呢？只能是清者自清，她只能在现在的岗位上做得更好，让更多的人看到她真正的实力，正当她准备为竞选未来的 HR 总监职位大干一番的时候，发生了一件始料不及的事情。

公司所属的上一级母公司突然做出对下属几个子公司高层人员进行人事调整的决定，高层岗位互相轮换，嫣然所在子公司的总经理马上就要到兄弟公司上任。而公司新的总经理与前任老总的管理思路在很多方面都不太一致，新领导一上岗，原先准备付诸实践的好几项人事改革制度也被随之叫停。

公司领导的更换让许多人一下子回不过神来，特别是以前颇受领导信任的嫣然，自己的几项提案都被否定，HR 总监的高位离自己越来越远。她心烦意乱，干脆把自己一个人关在办公室，认真思索起来。都说一朝天子一朝臣，老总不管多明智都不是神，现任领导明显心胸没有前任那么开阔，不那么容易容下与自己想法相左的提议，何况现任领导和前任之间还存在矛盾，前任领导肯定的提案和中意的人才以后很难再有出头之日了。这样一来，最惨的该是像嫣然一样先前得到重用的人，他们会重重摔下，经历一番痛苦的惨败。

和嫣然一样，前任总经理的几个心腹嗅到“气味”不正常，已经淡出众人视线，站在一旁，静观事态进一步发展。想到这里，嫣然不觉直冒冷汗，但是想想已经规划好的职业生涯，总监的位子近在眼前，自己真的是不甘心退让下来，不做最后的争取难以说服自己。

她好不容易平静下来，转念想一想，不管谁是公司领导，作为员工，行动总得跟着首脑的决策走，新老总的想法不是没有道理，自己不妨往他说的方向想一想，或许成效真的比原来设想的好得多。嫣然就不相信，凭着自己的努力，能博得前任领导的认可，就不能让现任老总重视自己。想到这里，嫣然一贯的上进心被激发出来，顿时又浑身充满干劲儿，抖擞精神，重新打开电脑，按照总经理的指示，重新设计了几个方案的框架。

接下来，嫣然又恢复了以往的干劲，但是结果都不尽如人意，好像自己干得越多，被否定的也就越多，不管自己怎么拼命都得不到一句肯定的话。以前对她产生嫉妒之心的那些人现在没有一个站出来帮她说话，反而站在一旁看笑话。他们的闲话已经得到最好的证实，如果嫣然不是靠跟前任领导关系好才升得那么快，那么现在领导一换，怎么就从云里掉到泥里，从天上摔到地上了呢？嫣然苦笑着点点头，没准如今的老总已经听信了这些传言，根本没看她的方案，就认为她这个人就只会在领导面前装样子，早在心里给她贴上了溜须拍马的标签。

凭着多年的人事经验，嫣然知道，现在的自己越是向上的心切，越是会增加自己的苦恼，她必须转变战略，改变现在尴尬的处境。毕竟自己在公司待了7年，一时负气离开真有点儿舍不得。

嫣然用一个周末的时间思考自己的出路，发现以前自己的优秀正成为现在尴尬的原因。像是被架在半空中，再上升的机会渺茫，硬碰硬只能让自己头破血流，并且长此以往，别说HR总监的位子没戏，就是现在的饭碗也有可能随时被打碎。那么，为何不往下走呢？人总不能被现实的困境憋死，现在事态发生了变化，应对的方法也不能一成不变，她必须得自己给自己找台阶。想了半天，她决定以想要怀孕为由，向公司说明自己已经不再是什么女强人，不能承担太重的担子了，她需要退下来休养生息。

嫣然终于从繁重的工作中脱身了，也从众多的烦恼中挣脱出来。现在她有更多的时间来准备怎样当一个准妈妈，而且也有更多时间熟悉新领导的管理思路和管理方法。闲暇里，和同事聊聊天，商量一下周末出游的计划。逐渐地，失去很多担当，自然也就避免了许多矛头所向。嫣然觉得，退下来也未尝不是好事，你看现在周围的人事关系逐渐缓和，大家都觉得原来嫣然这人并不像他们想象的那么糟糕，可能是要做妈妈了，人也一下子变得体贴温和了。

等到歇完产假后，嫣然又重新回到工作岗位上，但是她现在在人们眼中的形象早就不是当初那位“铁娘子”了，而是一位温柔成熟的年轻妈妈。领导也消除对她的敌意，看到她递上来的方案确实不错，和自己的意见不谋而合，开始把一些工作交给她去做。一两次之后，领导对她的看法逐渐改变，慢慢相信，她确实是一个可以委以重用的重臣。嫣然的能力被再一次得到证实，领导的欣赏和同事的信任也逐渐回到她身上。嫣然变得更加自信，更加能够审时度势，她的确成熟稳重了许多。让她无比庆幸的是，幸亏当初没有继续逞一时之能，而是急流勇退，才得以保存实力，继而有足够的时间来修正自己在别人眼中的印象，她现在又可以按照自己的想法来设计职场蓝图了。嫣然更加明白，在一个人的职业生涯中，并不是只有进取才是值得肯定的，有时也需要一副退让的“面具”，给自己一个台阶下。那样你才能更加清醒地面对已经改变的现实，如道家所讲，不作为有时是大作为，退让其实照样包含了很大的智慧。

保持敏感性，保持好奇心

看着身边一个个新入职场的年轻面孔，他们那份惊奇、喜悦和略带惶恐的表情会让稳坐钓鱼台的你暗暗发笑，不由得想起自己当年，也像他们一样青涩，一无所知。

多年打拼过来，风浪也罢，沉浮也好，已沉淀下来，征途中有了自己的小成就，在自己的阵营上扎稳脚跟，玩转各种规矩，欣欣然，大有“随心所欲不逾矩”的把握。

相对于那些刚入职场的年轻人来说，再敏感的事情也已经不能激起你的好奇心了，工作了无新意，生活也渐趋稳定，即使还有那么一丝尚未熄灭的拼搏上进之心，也被安逸的现状淹没了。你是几朝元老，相信再大的事情也不过如此，再难的一天——睁一只眼闭一只眼——也能混过去，你就像一只抱着这份安逸的优越感躺在树下睡大觉的兔子。可是有一天猛然被震惊，睁开眼打量周围时，却发现真的是“到乡翻似烂柯人”，自己已经被这个世界逐渐抛弃了。

把青蛙放在滚烫的水里，它的身体立刻接受高温刺激，神经骤然紧张，会一下子弹跳出锅。然而，如果把青蛙放到冷水中，锅底徐徐燃起小火，逐渐加热，青蛙并没有在意水温的上升，而是闭着眼享受暖洋洋的水温，等感觉水热到了无法承受的时刻，却再也跳不出去了。

这是好多人耳熟能详的“温水煮青蛙”的故事。如果人也像青蛙一样被放进温水里，当觉察出来时，又有多少人能够保持清醒的自觉，一跃出水得以自救呢？那得看你是否能够当机立断，舍得从目前的安乐窝中机智地退出来。

对，一定要改变一贯的心理状态，按照“退让”的指示去做，结果会大不一样。

童言大学毕业后顺利地进入大学所在地的一家事业单位。当时看着其他同学找工作找破头的那副惨相，童言深为自己的幸运感叹。虽然已经没有所谓的“铁饭碗”之说，但是事业单位相比一些公司来说，到底要稳定得多，福利待遇也比较优厚。当童言一个月试用期工资拿到3000元的时候，同宿舍的同学只拿到1500元，有的甚至连生活费都不够支付，童言一时成为大家艳羡的对象。

刚到单位时，童言不过是个小科员。童言深知自己的工作机会来之不易，小心谨慎地度过了试用期。转正后，更是勤恳努力，哪怕最简单的工作都以百倍的热情去对待，整个人就像上足发条的闹钟，时刻嘀嘀嗒嗒地走个不停。

可是这样的热情持续了将近一年，童言有些想开了，其他同事并没有像自己这样紧张兮兮，不照样过得很好吗？干吗非得把自己逼得那么紧张，而且日常工作无非就那么两样，除了格式呆板的公文还是公文，他现在已经能够应付自如了。自己原本那么努力，也是想有朝一日能够突破现状，得到提拔，可是事业单位等级森严，讲究的是长幼尊卑的传统，升级哪有那么容易？早先自己两年进来的小张还不是跟自己一样，每天跑收发室，除了整理报纸就是写写公文。

大概自己的想法太天真了，机缘未到一切都无法改变，努力于事无补，还不如心平气和等待。一旦放松下来，童言发现一天的节奏其实慢得出奇，从早上盼中午，从中午盼下班，处理完手头工作，他的大部分时间就在消磨当中度过。

人一旦过起逍遥自在的日子，整个精神就会懒散下来。童言现在是没事不找事，有事也不会急，练就了一副“好脾气”。当初上大学的时候，自己喜欢写上几笔，诗歌、随笔是手到擒来的事，还获得过校园诗歌比赛的几个奖项，但是现在除了死板的公文体，他是什么都写不出来了。

又过了两年，童言娶妻生子，生活过得越发安逸了。有了家庭的人，想法更加现实，当初进入职场的那点儿小志向也随着时间的消磨散落得无影无踪。现在即使有机会，他也不会去争取了。

单位最近传出要提拔一批年轻干部的风声，据说名额有限，分到童言所在的部门只有一个名额。刚开始他心里还激动不已，没过一会儿，就平静下来，当成笑话跟同事说道起来。论资历论年头，排在自己前头的不下三个人，倒着排也轮不到自己头上，争取也没有用，还不如该干什么干什么去。为了照顾自己的小家庭，童言没少向单位请假，晚到早走，算计着跟领导躲猫猫。

三年过去了，童言从进单位到现在，依然还是个小职员，有的时候想起来，自己也忍不住悲哀，但是一看到自己周围的同事，大家的情况不都是如此吗？况且现在外面的职场竞争那么激烈，现在这份工作既轻松又有保障，已经不错了。真出去跟人比，还不定让多少人羡慕呢。

一次大学同学聚会，宿舍的几个人都到齐了，大家的变化简直让童言不可思议。原来工作只拿1500元的同学小沈，现在已经是当初那家公司的部门经理，月薪3万元。而当初毕业之后没有找到工作的小王，经过3年的拼搏，现在刚和朋友创业，开了家小公司，刚刚开业半年就已经盈利了。

童言惊骇地张大嘴巴，同学身上的变化一时让自己不知身在何处，待回过神来打量自己，除了身体有些发福，时间好像并没有在他身上留下任何痕迹，他依然是那个刚刚毕业的童言，只不过娶妻生子，在一个月 3000 元的小职员岗位上晃晃悠悠混了 3 年。大家在一起谈论工作的方法、创业的艰苦，越谈兴致越高，童言却一句话也插不进去，被冷落在一边，一个人喝闷酒，就像个傻瓜一样，他真想找个地缝儿钻进去。

同学聚会回来，童言内心一直无法平静。他好像龟兔赛跑中那只骄傲自大的兔子，在大树下一觉不起，等到醒来，才发现自己已经被对手落下好远。

从开始到现在，貌似职场顺风顺水的他也要开始盘点自己的过失了。他发现正是初入职场的顺利消磨了自己继续奋斗的意志，眼光逐渐变得短浅，慢慢就成了井底之蛙，只盯着眼前一方天空，不知道井口外还有大千世界。他想到了温水煮青蛙的故事，记得当初看到这个故事时，还不住感叹环境的变化对一个人的影响，没想到如今自己就成了温水中被囚禁的青蛙，还优哉游哉地等待水温继续上升。

思考几天后，童言感觉自己不能再这样下去了，毕竟现在还很年轻，天地广阔，哪里还找不到一番值得为之奋斗的事业，而要重新树立人生的奋斗方向，就必须先从现在的安逸中跳出来。

好比一潭温水的工作环境确实让人不舍，但是想到温水中青蛙的后果童言还是当机立断，写了辞职报告，同时联系创业的同学小王，声明只要有工作的机会，他依然愿意从小职员干起。小王笑着打趣："怎么，老同学，放弃了安逸的工作来我这创业公司受罪？"童言苦笑道："再不出来，就要'溺死'在安逸里了。"

从轻轻松松就能拿到薪资的工作到一个艰苦的创业公司，虽然看起来是在后退，但是在普通的职员岗位上，童言也能感觉到自己每天的进步。现在的工作环境和保障虽然没有以前的优越，而且工作量要比以前重很多，但是童言心里明白，这才是他想要的职场生活。

由于表现出色，半年后的童言在工作岗位上被提拔为主管。想想以前安逸的工作就像催眠剂，幸亏他及时醒来，及早退出，而当初的后退和现在的进步比起来，让他从中明白了以退为进的真正含义。真是庆幸现在的他已经从别人羡慕的"温水"中跳了出来，成功进入自由的天地之中。

Tips：“退让面具”使用说明和禁忌

一、“退让面具”使用说明

1. 打破自我中心论

在工作和生活中，一个聪明能干、喜欢大包大揽的人，往往是一个强势的人，是想通过努力证明自己与别人的与众不同，得到对方的肯定以此来满足膨胀的虚荣心。他们总是过分在乎自己的感受，往往将这种感受凌驾于其他之上，在做事的过程中一遍遍强调“我”的概念。“我能行”“没有我就不行”，这是一种自我定义。先有自我定义在前，别人才会跟着如此定义你。所以，招致累死“英雄”恶果的罪魁祸首其实是他们自己。

要想从如此要命的紧张状态中退让下来，关键还是“英雄”本身，是否愿意真正放下自我中心论调，打破自以为是的“英雄”神话，相信自己和别人没有什么两样，并不是三头六臂，而是永远都有无法弥补的不足之处，少了谁地球都照样转。谦虚谨慎对待一切事务，不在乎别人的想法和感受，你首先不会心累。

2. 正确把握产出投入比

在常态之下，其他因素不变，工作的投入和产出应该成正比。而像故事中的嫣然，当新领导看她处处不顺眼时，自己干得越多，得到的抱怨和说辞也就越多，心愿和结果是背道而驰的，这时你应该停下来考虑一下到底是哪个环节出了问题。

并不是所有的事情努力之后都会有结果，如果“执着”不成，“努力”必将成为向前的桎梏，直到头破血流。就像一个本来有跳高天赋的人不擅长长跑一样，但是非要逼迫自己在长跑上有所精进，结果是越努力越得不到自己想要的结果，只会疲劳伤神，让自己为难。如果在职场中，当自己的努力与所得结果长期不成正比时，不妨停下来反省一下现状，看是不是到了该请出退让这副“面具”的时候。

3. 退得巧妙才是王道

退让是给自己一个台阶下，远离尴尬从头再来，目的是以退为进。但是习惯占据高位的人一朝要掉下来两脚落地，肯定会担心周围人异样的眼光，在乎颜面问题，所以如何退得巧妙也成了一种智慧，值得好好思索一番。

确实，人除了工作还要生活，除了职场岗位还有各种各样的身份，除了围着领导团团转，也要想想家人。当你为自己预留台阶想着怎样退让下来时，不妨把各种社会因素都考虑在内，以便找到最合适的退让理由。

4. 保持学习心

为了使自己及早逃脱温水环境，就要时时保持警醒之心。坚持学习，时时精进，开阔眼界，是不做井底之蛙的好途径之一。当然，学习也需要顽强的毅力。

5. 适当进行比较

有的时候，拿自己和别人做适当的比较，也可以起到警醒的作用。像案例中的童言，同学聚会对他如当头棒喝，一下子惊醒了梦中人。古训说“见贤思齐焉，见不贤而内自省也”，就是这个道理吧。

二、“退让面具”使用禁忌

1. 退让不是推卸责任

上文所说的“退让面具”，不包含推卸的含义。退让，是从不符合自己的实际能力、障碍或者进一步发展的困境中得以挣脱，所以退让的对象是困境，而非从个人该承担的责任中逃脱。

2. 退让不仅是自保，更是求进的手段

退让往往让人想起明哲保身这个成语，其中确实有自保的成分，像嫣然的故事中，她的退让更好地保全了自己不受不良环境的伤害。但是退让的目的是让人进步，是转换思路，以求找到更好的法门。

退让是手段，求进才是目的。

Part VIII

幽默也是一种武器

竞争或多或少会产生矛盾。在职场中，因面临升职和加薪的竞争，很多职场人士没办法对自己的同事“笑脸相迎”；很多管理者极少或根本无法对下属报以微笑，只因一件没处理好的工作刚对他们发完火；很多人也可能怒气冲天，因为精心准备的提案被领导批得一无是处……

人是感性动物，难免把紧张、不满、生气、愤怒等情绪写到脸上，板着脸会导致人际关系结冰，造成沟通不畅。职场仿佛成了一天之中最不喜欢待却不得不待的地方。表情竟然如此重要！那为什么不对世界微笑？轻松微笑很可能冰释前嫌，驱走冷空气，让你在职场自由旋转，赢得越来越多的掌声。

有时候，幽默更是一种智慧，是另眼看世界的一种本事。事实表明，人在轻松状态下最容易接受外界信息。作为信息发布者，想赢得别人的关注和赞同，先要做的就是让对方放松。

如果疾言厉色的交流方式一直不能起到作用，而已经习惯了这样交流方式的人还能想到什么方法？要相信态度本身就是一种生产力，给自己的情绪设定幽默指标，然后看其效果是否真的那么神奇。

越幽默越顺利

职场单兵指这样一群人：因性别、职位、个性、工作种类等原因，被大多数人遗忘或忽视的弱势群体。在广阔的职场草原上，单兵们好像失群的马匹，孤零零地站在别人的目光之外。“失群状态”很容易造成各种心理疾病，严重的话会让人心生厌恶职场、厌恶工作的感觉，很难扎根于此。人都需要和其他人发生联系，这本是人的社会属性所决定的。

职场单兵如何赢得同类的瞩目，重新走回广阔的牧场？在很大程度上取决于单兵们自身的奋起自救，缓解因隔阂产生的尴尬最好的方式就是给自己戴上一副幽默的“面具”。在不经意间投射出一颗幽默的小炮弹，被你的炮火击中的那些同事们，看你的眼光自然不同以往。这样你很可能为自己的职场死局走出了一步活棋。

珊娜这个职场单兵的角色做得有点儿委屈，不是因为自己工作能力有问题，而是整天面对办公室的那些男同胞实在无话可说。

既然不知道该怎么做，她只能变得越来越沉默，差点儿崩溃。终于有一天她好像变了一个人，因为她有一副幽默的“面具”，于是，情况变得大不一样了。

珊娜所在的部门是公司的技术研发部，因为工作性质需要承担较大的工作压力，所以男性占了大多数，办公室除了她，其余 7 个人连同主管在内都是男士。职场单兵的孤独感和彷徨感从进公司那天起就一直让珊娜纠结，上班可真不是一件轻松的事。自每天闹钟响起，她躲在被窝里就开始犹豫，又要面对那 7 副冷冰冰的男人脸，即便是讨论问题，自己也一句话插不进去，只能窝在办公室一角，自己的事自己解决。除了上下班和同事打个招呼，她可真是一句话也没得说，一向开朗活泼的珊娜都快憋出抑郁症了。

男性和女性思考问题的方式不一样，可以形成互补，从这个角度考虑，领导才把思路一向活跃、思维一向清晰的珊娜调到研发部，弥补这个部门因男性思维惯式造成的不足。但是，珊娜调来的两个月却丝毫没能发挥出作用。

办公室的男同事无论是在说话上还是在做事时，都是直来直往的风格，他们不懂幽默，也不会调节气氛，珊娜由于和他们不是一个种类的工作，再次开会的时候，珊娜都插不上话。

研发部是公司的核心部门，平时在办公室里，大家的工作时间比较饱和。但有时候手头项目做完，他们也会找一些话题交流，无外乎球赛、高尔夫、汽车之类，珊娜对此一窍不通，就是想趁此跟他们拉近关系，也不知道说什么好，总不能红着脸问人家："你刚才说的 ××× 是汽车的品牌还是高尔夫比赛？"就连吃饭的时候，她也是被彻底遗忘的对象。起初和大家一起去吃工作餐，想到就餐的时间总可以轻松愉快些，顺便跟大家聊一些家常话，以便增进了解，没想到这群家伙吃饭的时候也如此严肃，各自狼吞虎咽地吃完，然后快速离开餐厅，到办公室赶紧工作，他们眼里似乎只有工作。现在，她开始带午饭，宁可在办公室独享孤独。

珊娜想去找领导，把自己再调回原来的办公室，但是这却跟她凡事都要做好的倔强性格不符合。没有做出任何成绩就选择离开，这可不是她珊娜一贯的风格。思前想后，她决定再也不能这样下去，她应该主动出击，改变自己在办公室的现状。平时勤奋好学的珊娜给自己积累了好几副职场"面具"，她不由得拿起"幽默"的那一副，计划逐渐在心里形成，随后笑出了声。

有一次，同事徐亮在办公室惋惜地叹了一口气，谈起昨天晚上那场球赛，×× 队对 HH 队，他一直看好的 ×× 队因队员 CC 失误的关系，没能防守住对方的进攻，最后仅以一分之差输掉了整场比赛。

没想到一向在角落沉默的珊娜说话了："你知道CC之所以失误，他那个时候在想什么吗？"可能是没有想到她会开口说话的缘故，大家向她投以疑惑的目光，听她继续说下去。"他在想今天回家该做什么饭呢？连V报上都说他是个'妻管严'。"

此话一出，办公室里立刻爆发出哄堂大笑，男同事立马追上话题说："珊娜，你家老公是不是每天都要下厨的啊？"

珊娜脸上保持讲冷笑话时的沉着冷静，继续将计就计："呀，难道你们回家从不下厨吗？"

于是，大家你一言我一语，从球赛聊到做饭，聊到家庭中的两性责任，珊娜借题发挥，终于给自己的风趣健谈找到了用武之地，最后还引用一位著名赛车手谈论家庭的话做了总结，不一会儿中午饭的时间又到了。

珊娜没有再拒绝和大家一起到楼下吃工作餐。这次她主动走在大家前面，边走边说服他们，公司餐厅的几个特色菜真是应该品尝一下。结果这次工作餐完全由珊娜张罗，荤素搭配，大家撤掉多余托盘，第一次打破各自就餐的格局。吃饭的过程轻松愉快，大家的话就多了起来。珊娜边听边发挥，不断将他们的话题引申，把大家逗得哈哈大笑。确实，这顿饭是他们吃过的最好吃的一顿，从此，中午饭的工作餐完全由珊娜来安排了。珊娜心里暗喜，终于取得了第一个回合的胜利。

这群闷头闷脑、思维方式固化的男士们，逐渐发现没有珊娜在办公室的日子真是无聊透顶，他们开始把她当成办公室的“开心果”和真正的朋友，大家都叫她“笑话女王”。情人节送礼物，有的人也会请教她买什么样的礼物能让自己的妻子高兴。

现在开会时，若有争论不休的话题，主管会主动侧身看着珊娜，说：“请我们的女王看看，到底该怎么做呢？”珊娜可以大胆地说出自己的看法，发挥自己在工作中的才智。在同事和她交流的过程中，他们发现她的好多想法真的对方案起到了补充作用，不由得对她产生了一分敬意。

现在的珊娜，当初的职场单兵，凭借她的“幽默面具”，可以自如地驰骋在职场上了。

必不可少的软实力

职场中有一类人，他们总是戾气很重，讨论问题喜欢跟人争辩，声音很高，用手拍着桌子，拿出气势汹汹的架势，以期表达自己的不满。这些情绪化重的人一般很难让他人接受自己的观点，即使他们的理由很充分，也会在心理上激起对方的防范和抵触，最后好心办了坏事。

如果一个团队的负责人，讨论问题的时候也以如此态度对待他的下属，可想而知，情况会有多糟糕。徐科伟就是这么一个人，身为一家公司的老总，虽然平时看起来是蛮和蔼的一个人，可一旦发起脾气，却有排山倒海的气势，特别是和下属讨论问题的时候，非得揪住下属的把柄，论出个一二三四来。

但是很让人费解的是，发起火来如此凶巴巴的一个人，却能得到下属干将的支持与拥护，对他不离不弃，好得跟亲兄弟一样。这是为什么呢？新进公司的秘书小夏，起初非常不理解，以为那些人大概有“自虐”倾向，喜欢被老总捶一顿、骂一顿。后来，经过多次观察，她才知道，原来徐总在一通雷烟火炮之后，自有一手让人立马轻松下来，且不计前嫌的绝活，一张一弛，这是徐总的文武之道，也是他化解尴尬的“速效救心丸”。

小夏是公司新来的办公室秘书，她眼里的总经理徐科伟，可不是一般人——此人身高一米八二，高大魁梧，平时一副笑眯眯的和蔼样儿。可是，一旦发起飙来，就跟爆发了一次世界大战一般。徐总发脾气的对象无外乎手下的几个副总。这几个人胆子也够大，竟敢关起会议室门，和徐总针尖对麦芒，一是一，二是二，谁也不让谁。辩论声一浪高过一浪，蹾水杯的声音，拳头砸桌子的声音，透过紧闭的房门传出来，让坐在经理办公室对面房间的小夏吓得一阵阵发抖。她握住手机，随时准备报警，提高警惕等着一个鲜血淋漓的人从对面办公室跑出来，叫她赶快打120急救电话。

她不明白，身为公司老总的徐科伟为什么这么喜欢跟自己的副手发脾气。从修养和学识上看，徐总不会不知道领导之道，即切忌与自己的手下产生正面冲突，何况，这些人可是公司的中流砥柱，是封疆大吏，一旦他们有二心，跳脚走人，整个公司就会顷刻坍塌，后果不堪设想。更让她想不明白的是，这些跟徐总吵过架的副总，依然跟他称兄道弟，感情好像愈加深厚。整个公司就像是一个大家庭，提起徐总，大家不但没有惧怕之心，反而无比亲切。真不明白徐科伟使用了什么方法收揽人心。小夏想，如果是自己遭受到他的一番“枪林弹雨”，真不知道还会不会在这个公司待下去。

一天，会议结束后，小夏眼睁睁看到分管市场的张副总经理气冲冲拉开徐总办公室的门，一边咆哮着一边走出来，重重摔上总经理办公室的门。徐总在身后不依不饶地喊：“咱们走着瞧！”小夏一愣，心想，这下完了，张副总很生气，该怎么收场好呢？她不由得为徐总担起心来。

下午，徐总吩咐小夏去张副总办公室拿一份拟定好的合同。小夏想起上午的一幕，有些惴惴不安，见到张副总拿到合同的那一刻，她很想为两人之间的弥合做点儿什么，因此开口说:“张总，徐总他……”话到嘴边，小夏又不知道怎么开口了。

张总吃惊地看着她说：“怎么，徐总为难你了吗？有事告诉我，我替你讨公道去！”小夏苦笑一下，深为张副总的仗义感慨，明明是他自己受了委屈，刚刚被人家大骂一顿，现在又反过来安慰别人，打岔了几句，就转身回来了。

现在，身为办公室秘书的小夏已经习惯了听到对面办公室传来的吵架声。只是有一点儿不明白，徐总到底是用什么方式“收买”的人心，才使这些员工打也打不走的？她怀着好奇心，时时留意徐科伟的办公室，终于有一天，让她发现了徐总的秘诀。

一天，分管技术的王副总拿着一摞文件，急匆匆走进总经理办公室。习惯察言观色的小夏发现，王副总脸上有一层难以遏制的怒气，正在逐渐蔓延。她心里不停嘀咕，这下，又要上演大战了。

果不其然，徐总办公室的门被关上后，没有两分钟，吵架声便传了出来，不知道是谁，把手指捏得咔吧咔吧响，好像马上就要动手了。谁的拳头砸在桌子上，茶杯震翻在地……

大约半个小时后，总经理办公室的吵闹声停止了，一阵窃窃私语后，又传来低一声高一声的争论。如此反复几个回合，一个小时过去了，门开了，只见王副总手里捏着那摞文件走出来，不停地回头对徐总说："别以为是你力气大我就服你，我是服理不服人！"

徐总双手抱住王副总肩膀，一副笑呵呵的亲切样儿，一直送到门外来，但嘴上却还强硬："不服再来呀？看谁的拳头硬。"王副总倒是一笑，一副气也气不起来的样子。

徐总站在门口，对王副总说："你知道我把咱们的分歧跟我家老头子说起，他今天在我出门的时候跟我说了什么吗？"

"说了什么？"

"他说，小子，如果今天你打不倒姓王的就不是我儿子，别给我回家来！我要认王义（王副总的名字）做我的儿子！"王总听罢，和徐总同时哈哈大笑起来。笑罢，徐总说："咱爸今天在家里摆了酒，等咱俩回去喝呢。你小子可别爽约啊，不然我回家可不好交差，老人家喜欢你可胜过我啊！"

小夏听得糊涂，二人说话的亲昵样儿，还让人以为他俩是亲兄弟呢。后来才明白，那是情同手足。

徐总看见门口坐着的小夏，拍拍王副总的肩膀，还想继续幽默下去，就对小夏说："夏秘书，你下午通知装修公司，把我屋里的墙壁地板都贴上瓷砖。”小夏一愣，不知道刚刚装修完的办公室为什么还要整改，而且没见谁的屋子墙上地上都要铺瓷砖啊。

王副总扑哧一下笑出来，已经完全没了怒气，对小夏说：“你可别听你们徐总胡扯。”

小夏更加狐疑，犹犹豫豫地问徐总为什么要换成瓷砖，徐总笑着说：“我这办公室，每天跟战场一样，跟兄弟们你死我活，保不齐哪天就溅一墙的血。瓷砖用水一冲，好清理啊！”小夏听完，才恍然大悟，原来又是徐总的一番笑话，自己也跟着他们呵呵笑起来。徐总刚才还是凶神恶煞，现在却完全变了一个人，幽默得让人大笑。

送走王副总，徐总笑呵呵地把一个橙子放在小夏办公桌上，笑着道歉说：“真是不好意思，你来了这么多天，让你每天对着我的办公室担惊受怕，这个给你压压惊，要知道，做我们公司的员工就要经得住天崩地裂，什么时候你能做到雷打不动什么时候就算练成了。”小夏拿起徐总的橙子，又笑起来，心里对他的好感不觉又加深了一层。

她也总算弄明白了，为什么公司员工不管是挨过批评的还是没挨过批评的，都对徐总充满好感。

直面冲突，有事说事解决问题的方法不是徐总的专利，但是能在解决问题之后，依然与对方保持亲密友好的关系，甚至是不打不相识，越打越亲近。徐总以他特有的幽默感在事后迅速化解与对方的不快，问题解决以后，双方和好如初，关系更铁更牢固。

后来，小夏感觉到，几个副总甚至以能和徐总吵架为荣，因为他们认为，只有当双方亲密无间的时候，才会选择用吵架这种不见外的方式解决问题。和徐总吵完架，大家总能被他的笑话逗得大笑，并且跟他回家蹭一顿酒喝。他们知道，一场雷雨过后，又是爽朗的晴天，所以，大家也就不把吵架的伤害放在眼里了。小夏还感到，幽默逐渐成了公司企业文化中非常重要的一部分，遭遇尴尬时，适当运用幽默的方式化干戈为玉帛，已经内化为公司每个人的思维方式。每天生活在轻松愉快中，再也不用为突如其来的麻烦担惊受怕，因为他们知道，大家亲如兄弟，一时的性急较真，目的只有一个，就是把工作干好，把问题解决。

当你乐观时，自有追随者

你身边是不是存在这样的人，说话风趣幽默，开口便妙语连珠，不把人逗笑誓不罢休。你一定喜欢和这样的人交往，每次做项目都希望能和他分到一组，因为你相信只要有他在，就不用担心工作的乏味和艰难。

不光是同事，老板也格外赏识他，开会的时候，总是想听听他的意见，即使与工作决策有悖不能全部采纳，但那些意见却也能夹杂在幽默当中，让人不能拒绝。

若有一天你突然意识到他身上的这个闪光点，你便停下来，认真思考幽默在职场中的巨大作用。

幽默除了能在职场中为你打开一扇冰封的大门，融洽职场关系，打破尴尬处境，迅速化解和对方的隔阂外，也是在职场竞争中赢得关注，获得支持的职场生存法则。

事实证明，思维活跃开朗，容易沟通型的人在同等机会下，比沉默寡言，走进人群立即被淹没者更容易被人赏识，给他人留下好的印象。

职场幽默是职场智慧的一种外在表现，一个人不会无缘无故就能引起别人的好感，而快速赢得周围人认同的方式之一便是热情、开朗、幽默。想想在风云变化的职场中，压力、危机随处都在，矛盾、猜疑随时会来，要想在这样的环境中扎根生存，获得更多认可，除了踏实做人，勤恳工作，幽默风趣的处事方式也必不可少。相比一脸严肃冷冰冰的人，时常营造幽默快乐的人身边总是不乏支持者和追随者。

不要以为幽默是与生俱来的性格。只要转变你在职场中的心态，换一副“面具”环顾周围，即使你是再古板、低调、沉闷的人，照样可以掌握幽默的法门，为自己和周围人的工作营造快乐氛围。

周延是个喘口气都能把你逗笑的人。而就是这份幽默，让他还没有被公司录用时就引起了面试官的注意。

公司面试环节卡得很死，程序设定相当严格。在正式面试之前，有一个被试环节，把所有的面试者集中到一个会议室，在没有通知被试者的前提下，面试官通过会议室的监视器，可以看到所有人的活动情况，给出最初印象分。这是考察应聘者在无人状态下最自然的一面，力求观察全面。

再看会议室的应聘者，有些人拿出早已准备好的面试材料，开始认真“备考”，以备一会儿在面试时能出色发挥；有的人掏出手机浏览信息，胸有成竹；还有的人干脆把双脚放在会议桌上，背靠椅子闭目养神……

这时一个身材胖硕的人坐在这些人中，左右看看，又看看墙上挂钟，大概觉得离真正的面试还有一段时间，就笑着击了两下手掌，嘴里喊了两声，然后站起来说了几句话，笑眯眯地看着大家，好像在征求意见。睡觉的人、看手机的人和备考的人这时都甩过头来看他，并不时被他的话逗笑。接着，在他的组织下，他们在一种酷似游戏的秩序中调整好状态，一个个开始发言，说者表情严肃，但听者大笑，面试官也在监视器后面被充满笑态的画面感染。

半个小时后，他们的活动结束，正好真正的面试环节也开始了。面试官对这个胖硕的人印象深刻，在陌生的竞争对手人群中，那么轻易地组织起一个活动，真是不简单。

可能是因为之前的大笑“热身”，这一组应聘者精神面貌明显很好，情绪饱满，面试成绩也很高。面试官终于将这个身材胖硕的人跟周延的名字对上。

面试完后，面试官故意问周延：“大家好像都非常高兴，有什么事情发生吗？”周延这才将其中的隐情说了出来。原来他看大家在等待的时候比较散漫，而且有的人过度紧张，可能不易于正常发挥，看看离开始面试还有半个小时，干脆让大家放松一下。于是他站起来，击手让大家注意到他，然后说让大家帮他一个忙。看到人们的疑惑，他继续说，这几天跟妻子闹别扭，战争不断升级，已经闹得不可开交了。结果昨晚自己写好一条短信打算发给妻子泄愤，内容是这样的：“我看你跟你妈一样不明事理，就爱冤枉好人！也只有这样的妈才能生出你这样的人！”

短信发送的时候，他一下按错了收件人信息，等明白过来，短信已经发送到岳母的手机上了。他不禁倒吸一口冷气，心想这下完了，不但得罪了妻子，还要把岳母拉进战争。现在他已经不敢回家，请大家相助，看看谁能想出好的解决办法，救他于水火之中。

陌生的竞争对手们听了他的遭遇后哈哈大笑，心里紧张的防线一下子消失不见了。大家开始相互介绍，一个接一个发言，给他支招，其间不乏更加搞笑的办法。他就这么甘心给大家当了一回笑靶子。

公司的面试官也笑起来，但接着问："你让别人放松心情，可是他们都是你在面试中的竞争对手，就不怕他们抢走你的机会吗？"

周延笑了笑，说："面试只是一次机会，但是能一次性结识这么多同道中人，可是一笔非常可观的财富。你看，临出门时，我跟他们互留了联系方式，不管是谁将留在这个公司，或者是进入其他公司，他们都能对我保持一个不错的印象。我相信，大家打交道的机会还不止于此。"面试官欣赏地点点头，在周延的面试成绩上，重重加了 10 分。

周延入职后进入公司人力资源管理部，因为他为人热情，幽默开朗，很快就赢得了同事们的喜欢，领导也非常赏识他，不到半年就升为主管了。人力资源部事多杂乱，特别是在人事制度的执行上，会牵扯公司很多部门，所以人事工作并不好做，更没人愿意去做。

自从周延来了以后，好多工作突然变得简单起来，经常是在一片笑声中化干戈为玉帛。周延越来越吃得开，在大家眼里，他就是办公室的“开心果”，大家都愿意跟他一起工作，因为只要有他在，再枯燥乏味的时间也变得精彩快乐。

公司进行部门调整，办公室的同事们这几天忙得头昏脑涨。周延看在眼里，时不时找准机会，动用自己的幽默天赋，调节一下气氛，使紧张的工作暂时变得轻松。

有的人天生不会拒绝，一说拒绝的话就引起对方反感，可是懂得把幽默运用得恰到好处的周延，就连拒绝你的要求时，也让你心里舒舒服服，心甘情愿地答应他的条件。

部门经理想组织大家去海边游泳，原因是经理手头有一张去年办的健身卡，如果不马上消费就要过期了，见不得浪费的经理半是命令，半是开玩笑，要求大家务必参加。事实上，当时天气已经转凉，并不太适合户外游泳，办公室的同事对这次活动都不感兴趣，但是在经理面前又不敢明说，一时场面有些僵住了。大家只好把目光投向他们信任的周延。

周延扫视了一下大家，又看看严肃的经理，然后干咳一声，对经理说：“您说的那个浴场附近是不是有个军事基地？”经理微皱眉头，确实如此。于是周延又看看在座的同事，面露难色。经理不知道他的意思，等着他的下文。

办公室共有七人，算周延在内，有三个属于微胖型，两个属于肥胖。周延偷偷朝几个胖子眨一下眼睛，为难地对经理说：“唉，太胖了。您不知道，有一次我跟朋友去您说的这个浴场玩，刚换上白色泳裤下水，猛听身后一阵螺旋桨声。抬头一看，三架战斗机从头顶滑过，吓得我举起双手，猛喝了好几大口洗澡水，还得赶紧大喊‘别开枪，我不是敌军！’”连同经理在内，办公室的同事都被周延的话逗得哈哈大笑。

见经理终于面露笑容，周延又说：“您看咱们部门，身形都跟军舰有一拼，特别是我，腰围和胆固醇又创新高了。照这样下到水里，都有可能被我军误认成敌人的航空母舰啊！还是算了吧。”

经理笑着摆了摆手，示意撤回命令，其实经理心里早就知道大家不想去的事实，只是号召一旦说出去，总不好意思收回，毕竟自己是一方领导，好在周延送上台阶，让自己稳稳走了下来。大家的笑声融合在一起，那层隔阂被打破了，经理又在心里给周延记了一功。而同事们呢，更是对他让经理取消了决定大加赞赏，更加喜欢他了。

Tips：“幽默面具”使用说明和禁忌

一、“幽默面具”使用说明

1. 用一双乐观的眼睛看待职场和工作

办公室深居简出的白领人群最容易被朝九晚五周而复始麻痹神经，逐渐失去最初对工作的好奇心，变得倦怠疲惫，周围关系却异常敏感，危机四伏，这是患上职场疲劳综合征的临床表现。不及时就诊，病情恐怕还要朝心胸越来越狭窄、思想越来越消极的方向恶化，最终“癌细胞”破裂，扩散到家庭关系、个人友谊和价值观上。这是得不偿失的事情。悬崖勒马，看看应对紧张复杂的职场关系，让幽默的药方成为你的“速效救心丸”。

马上摒弃一贯的阴郁表情，培养自己乐观的信念。面对同一件事情，一双充满热情的眼睛和一双消极阴暗的眼睛会对生活和工作有截然不同的发现，由此解决问题的方法和效果当然也会南辕北辙。

职场单兵珊娜在办公室受到的异性同事的冷漠，差一点儿把她摧垮，幸亏她本性幽默开朗，并且有积极扭转事态的手段；“开心果”周延也是一样，他所感染人的，不也正是那颗富有情趣、对生活充满热情的心吗？

请记住，乐观的信念是你掌握幽默这副“面具”的第一步。

2. 积累的苦功

看到珊娜的例子没有？当她决心重新做回乐观开朗的自己，并以此感染其他人的时候，她是怎么做的呢？在自己的办公室格子里，竖起耳朵，认真“侦察”外面的动向。只要涉及同事谈论的话题，自己不懂的马上做好笔录，然后四处搜索相关信息，给自己补课，弄懂弄清对方感兴趣的到底是些什么东西。

想要融入一个陌生的群体，要靠你的幽默细胞打开那扇冰冷的大门。你有了改变的决心，有了乐观的信念，下一步就是付诸实践。

收集该群体关心的话题，针对他们谈论的焦点去拓宽自己的知识面，做到知己知彼，不然很容易被人当成是不懂行当的人，更加被人轻视。周延为什么知道经理要组织大家游泳的海边浴场附近设有军事基地呢？肯定也是平时注意观察才了解到的。身在职场，随时可能会遇到什么麻烦。刚刚因技术的问题跟专业人士请教，马上又要与一个外国客商进行商务往来，跨文化知识必须用上场。

所谓“书到用时方恨少”，所以平时积累多一些，掌握多方面信息，你才能随时说出适合不同场合的玩笑，随时活跃现场氛围，让你的幽默美名名副其实起来。

3. 台上十分钟，台下十年功

要做到徐科伟那样硬碰硬跟人斗争，之后再一拍对方肩膀，相逢一笑泯恩仇，真是件不容易的事情，这其实更加考验你平时的功夫，即台上十分钟，台下十年功。

如果平时没有注意维护跟对方的关系，只会事后弥补，即使你用再大的幽默化解，也于事无补，反而会让对方觉得你真是虚伪，从此对你的行为产生更深的反感。私下里同事间的关系亲如兄弟，不分彼此，一时产生分歧，雷烟火炮，最后一盆幽默的清水让火热气氛顿时烟消云散，这个时候的幽默，便成了进一步拉近彼此关系的“黏合剂”。当然这样的事，只可能发生在关系不错的熟人之间。所以，小夏才有另外一个发现，就是幽默和亲情同时成了徐科伟公司企业文化的一部分。

二、“幽默面具”使用禁忌

1. 幽默的“原料”不是别人

跟陌生人或者关系不是十分亲近的人幽默一把，最好把幽默事件的主体设定成自己，说自己的笑话，才会收到预想的效果。案例中周延在准备面试的时候认识了一群陌生的同伴，他选择用幽默的方式打通彼此之间的隔阂，最初给大家讲的就是自己的一个“棘手事件”，引人注意，慢慢调节了气氛。

反过来假设一下，如果当初周延随便指出身边的一个人，开对方的玩笑，即使他的说辞足以引起其他人的大笑，也有得罪一方，给人留下轻浮刻薄印象的危险。把肥胖比作军舰的事例也是一样，还是先从自己下手，毕竟肥胖在大多数人眼里不能算美观，那么就让这种“倒霉”事件都发生在自己身上好了。只要听众能够因为你的“倒霉”更加喜欢你，并且同意你的意见，经常“倒霉”一把，也是未尝不可的事情吧。

2. 对症下药

幽默能起到预期效果还在于对症下药。如果你跟一群渔夫讲一个关于牧民的笑话，他们可能因为听不明白而把笑话当成费解的难题，结果就是只有你自己在笑，其他人反而觉得莫名其妙。看珊娜的例子，她面对的是一群难以征服的男同事，所以要想把他们逗笑，必须拿男人感兴趣的事件说事。如果珊娜在办公室开的玩笑是闺蜜之间的笑话，估计没有什么效果。

Part IX

从“从众”到“出众”

“从众”指的是由于外界的影响和压力，促使个体的行为或观念做出与之一致的变化。谈起“从众”，大多数人总是想到它的负面影响，认为从众的人都是没有主见和思想，跟随大流的人，不然就是明哲保身、隐藏观点的阴谋家。特别是在现在思想解放个性张扬的时代，“从众”更是被看作贬义词，一经提出就被嗤之以鼻受到人们的排斥。

长期以来，人们认为喜欢从众的人在一个团队当中不会做出出众的业绩，不出头也不会殿后，顶多可以做到暂时安稳，起到保值的作用，不会做到出人头地，从众人之中脱颖而出的。所有这些定位和评价都是不全面的，事物都有两面性，而且我们一直强调一个观点，人是生活在各种社会关系中的个体，不可能脱离周遭的环境独立存在，这样一来，个体人的观念模式和行为模式不可能不考虑个人努力与外界环境综合作用的效果，而且生活在关系网络中的个体，也会不可避免地受外界环境对自身观念和行为的影响。

员工要想在一个团队中不落单，融入团队文化，建立归属感，这时就更应当考虑大众趋向，规避因个人锋芒和一时莽撞带来的鸡蛋碰石头的恶劣后果。作为员工个人，特别是新入职的员工，一旦站到企业文化的对立面，日后是很难再次融入其中的。这样说来，这时的从众更是一种处事周全的策略，是审时度势的心量，更是做人做事圆满的境界。

所以说“从众面具”使用恰当，就能达到出众的效果。心理学家认为，人之所以从众，是寻找归属感和安全感的自觉需要，在神经紧张、群体压力大的状态下更容易引发从众行为。身为管理者可以把握员工的从众心理，拿捏好从众效应，适当安排，让这副“面具”给管理工作带来一劳永逸的效果。

鉴于大多数人对从众的认识，在本章内，我们把盲目随大流、明哲保身的盲目从众称为“消极从众”，把全面考虑人际关系、有意识的从众称为“积极从众”。我们提倡使用后者，提醒读者注意不要步入前者的误区。

当整个世界都在跟你作对

每个办公室都有能力超群的人，他们头脑聪明、思路清晰、业务能力强，应对危机和难题总能表现出超乎寻常的能力，但是聪明往往也会给他们的人际关系带来负面影响，如恃才傲物、锋芒毕露。平庸者是大多数，聪明人不情愿跟大多数为伍，总想标新立异，表现出自己的与众不同，结果站到了队伍对立面，同事之间的关系逐渐恶化。一个人的单打独斗日益招架不住，重重困境让人心生厌倦，慢慢成了职场单兵。在浩大无边的职场之中，一个人如何优秀也不会占据两滴水的位置，而脱离大海的水滴，迟早都会被蒸发。

从这个意义上来说，积极“从众”即意味着合群，聪明人利用这副“面具”巧妙地表达自己的主张，轻松玩转职场。如果你就是这样的聪明人，那就聪明到底，拿起“从众”这副“面具”，看看怎样改善你的人际关系，让你的业务成绩和同事关系获得双丰收。

下文的薇儿和麦琪都是办公室里的聪明人，但是一个让聪明害了自己，一个聪明得头头是理，而两人之间的区别就在于这副“面具”。看看她们的故事，比较一下自己，是不是也该准备一副这样的“面具”了。

薇儿刚刚辞职，跳槽到一家专业对口的大型贸易公司，相比前一个工作单位，新的环境不知要好多少倍，当然挑战也多出几倍。薇儿因为聪明、能力强，所以不免有些心高气傲。她喜欢有挑战的环境，之所以从上一家公司辞职，是因为她觉得那里的人能力平庸，却嫉贤妒能，处处压制她，使她丝毫没有用武之地。这家公司是上市公司，规模也不小，人员素质一看就比以前那家公司高。但不怕，她薇儿是谁？凭她的业务水平和聪明才智，早晚会让众人看到自己的本事，还怕没有出头之日吗？

上班的第一天，经理介绍薇儿跟办公室的同事认识，介绍到麦琪时，经理告诉她麦琪是部门最能干的员工。经理很赏识地看了看麦琪，笑着对薇儿说：“以后可要多多向麦琪学习呀。”麦琪连忙摇摇头，说了几个“不敢当”。薇儿偷偷打量麦琪，发现她和自己年纪差不多，长相平平，打扮一般，目光倒很谦和，一副老成稳重的样子。在薇儿看来麦琪这倒是未老先衰，是那种掉到人堆里也找不出来的一个，除了客气真没看出她有什么过人之处。薇儿多看了麦琪一眼，心想我倒要看看她到底有多能干，走着瞧吧。

可能是刚刚入职表现有点儿急切，薇儿在日常工作中铆足了劲，恨不得拿出浑身解数让别人看到自己的能力，很快就赢得了周围同事的赞誉。因为工作能力强，很多同事遇到难题也愿意找薇儿帮忙，一来二去，不到两个月，薇儿就成了众人眼中的明星。薇儿享受着受人追捧的胜利感觉，都说上市企业不好扎根，看来也不尽然，自己初来乍到，已经初见成效。她微笑着看看坐在办公室角落的麦琪，心想她薇儿到来的时候，办公室最能干的角色就要更换了。

几个月过去了，薇儿的工作越来越忙，她越来越没有耐心应对别人找上门来请求她帮忙的情况。而且她觉得办公室的其他人也不像之前想象得那么聪明，好多时候明明是自己的方案最有效、最节约成本，但还是要跟众人解释半天才能让他们相信。薇儿又慢慢感到曲高和寡，众人皆醉我独醒的那种孤独和无力。

周围的女同事没事的时候净讨论一些八卦和无聊的话题。开始的时候薇儿还能勉为其难说上两句，后来实在讨厌就只听不说，再后来实在烦得不行就坐到一边，冷冷盯着这帮讨厌的“长舌妇”，真想离她们越远越好。她看到麦琪有的时候倒是兴致很高地加入讨论，还经常在午间的时候发起团购之类的话题，让那些“没脑子”的中年妇女围着自己团团转。薇儿心想，原来麦琪也是一个俗人，所谓的能干，就是能哄大家寻开心。“这叫什么？哼，走着瞧好了。”薇儿存心想寻找时机一展自己的本事，给办公室的“俗人”一点儿颜色看看。

不知不觉中，办公室的人对薇儿的看法发生了改变，他们不再在有事的时候寻求她的帮助，甚至说话的时候都背对着她，把音量放低，好像在说她的坏话一般。有时候薇儿想主动帮忙，没等她走上前去，就被拒绝了。薇儿不知道自己那么卖力工作怎么会换来同在上一个单位一样的下场，她暗暗等待一展身手的时机，一定要挽回别人对自己的看法。

机会终于来了，公司最近上马一个重点项目，抽调各部门精英组成项目团队，集中优势想在短期内有所突破。薇儿因为之前在上一家公司接触过类似案例，而且业务能力一直不错，因此被抽调到新的项目团队中，办公室同时被抽调的当然还有老成稳重的麦琪。薇儿和麦琪分到一组，终于有机会跟麦琪一起工作了，她有心跟麦琪较量一番，但麦琪并不知道，依然乐呵呵有条不紊地开展工作。在新的团队中，麦琪好像跟所有的人都认识一样，融洽地寒暄，时不时还说上几句笑话，也很少反驳别人的意见，有异议时也不明确表示，只说草率不得，再好好商量一下。不像薇儿，时刻保持高昂的战斗情绪，跟打了鸡血一样，别人的创意她都看不上眼，只觉得自己的想法是最可靠的。

薇儿把自己的创意说给麦琪，跟她交换意见，麦琪表示非常支持薇儿的看法，承认她的想法确实是众人中最好的，鼓励她尽快写出草案，还帮助她完善方案。薇儿觉得麦琪还算聪明，能够承认自己的能力，于是两人协同做好了方案，准备在会议上提出。

开会的那天，薇儿信心十足地说出准备已久的方案。经理把草案交给众人讨论时他自己首先提出了异议，众人一看经理的意见很分明，除了一向跟着经理走的人，那些没来得及思考的人听经理一分析，也站到反对的一边，本来觉得薇儿的方案不错的人也开始动摇。薇儿觉得很委屈，经理的反对意见根本就站不住脚，她不顾旁边的麦琪不住地给自己使眼色，还是站起来全力反驳，闹得气氛有些僵，经理最后只好表示进行举手表决。除了薇儿自己，所有的人都跟着经理投了反对票，更让薇儿恼怒的是，麦琪也站在她的对立面，这个方案可是她们共同商量的结果，麦琪怎么能出尔反尔呢？

经理扭过头对麦琪说："麦琪，方案是你和薇儿共同商定的，你对这个方案有什么看法？"

薇儿愤怒地看着麦琪，这也正是她想问麦琪的，看她怎么回答。

麦琪很快想了想对经理说："您的意见确实有道理，我跟薇儿没有考虑那么全面，今天听了大家的意见才知道有这么多疏漏，回去我们再修改完善一下。"经理听了麦琪的话好像很满意，没有再追究薇儿刚才争辩的责任，鼓励了她们一番就散会了。

当会议室只剩薇儿和麦琪两个人的时候，薇儿非常不服气地质问麦琪："方案是我和你一起准备的，刚才开会的时候你怎么不坚持呢？和事佬的角色很容易做吧。”

麦琪没有生气，她笑了笑对薇儿说：“方案确实不错，经理的反对也站不住脚，他可能没仔细思考我们的方案思路，就提出了异议。但是他毕竟是经理，即使错了，其他人也会跟他站到一起，你知道这叫什么？这就是从众。”

“从众就是错误，错误也要坚持吗？”

“我不是说错误的从众也要坚持，你想过没有，经理毕竟是经理，你在全体员工面前指出他的错误结果会怎么样，何况大家又表示他的意见是对的？站在世界对立面，与所有的人为敌的后果只能是让自己难过，即使你的方案再完美，也没有实施的那一天了。你明白我的意思吗？”

“你是说……”

“不要看不起从众的人，从众并不是都像你想的那样随波逐流，而是一种策略，是让别人高兴地接受你的意见的前提条件。对方只有先不反感你，才能进而接受你的意见。你要知道与大多数为敌的后果，失群的羊没草吃，这个道理你会明白的。”

薇儿咬着嘴唇，一句话也说不出来，过了好半天才挤出一句话：“那你打算怎么办？”

麦琪又笑了一笑：“放心，今天只是时机不成熟，并不是方案不好。等找个合适的机会，先私下跟经理碰一碰，把误会说清，得到他的同意后再把方案拿到会议上去讨论，他投了赞成票，估计就不会有太多的反对声音了。”

果不其然，麦琪带着薇儿，在几天之后单独来到经理办公室，把根本就没有修改的方案原封不动地拿给经理看。当然，麦琪声称已经按照经理和大家的意见仔细修改过了，经理的情绪看来不错，讨论在愉快的氛围下进行，方案通过了。在接下来的会议上也没有人提出反对意见，麦琪朝薇儿笑一笑，并在会议最后总结说：“这个方案的雏形是薇儿最先想出来的，她做的工作最多，贡献也是最大的一个，我提议大家应该对她的努力表示鼓励。”经理带头鼓起掌来，所有的人都开始微笑着给薇儿鼓掌。薇儿不好意思地看看麦琪，心想自己这次除了输得心服口服，更应该从她那里学到点儿实在的东西。

从众还是出众

薇儿和麦琪的例子让大家了解了“从众面具”的效果，但问题接踵而来，在区分积极从众和消极从众时，大家难免又进入新的误区。表面看来，两者都是跟随大部队，融入团队文化不搞特殊化，但最根本的区别在于消极的从众因盲从丧失了自身的主观能动性，泯灭了自身的创造性，演变成完全依赖外界环境的影响和压力的导向；而积极从众是在融入团队文化的同时保持个体的独立性和独创性，使融洽的关系成为自我发挥的主推因素。

在《高效能人士的七个习惯》中，史蒂芬·柯维认为人的积极主动性是成功创造未来、努力提升生命价值的决定性因素。“从众”如果“从”掉自己的独立性和创造性，让聪明的头脑日益迟钝单一，不但影响职场声誉，而且会让你输掉比工作更重要的东西。因此你要检视自己手里的面具到底是积极从众还是消极从众。

在下文中，我们将向大家进一步阐释积极从众和消极从众的区别，以期告诉大家怎样才能做到积极，避免进到消极的误区。

敏素和莉莉是同时入职的新员工，新公司虽说待遇优厚但是一家家族企业，非常讲究和气生财的家族文化。都说家族企业外人难以立足，敏素从第一天起就有些担心，怎么看都觉得除了自己之外，所有的人都是一家人。她有些迷茫，心想要想融入这样一家公司，自己非要做出点儿牺牲，跟周围同事搞好关系，才能在此生根发芽。抱定这样的决心，敏素处处与人为善，绝不在大庭广众之下表现出自己的与众不同，有的时候还要牺牲既得利益去讨好老员工。她觉得自己吃亏了，但久而久之，认栽的心理变得麻木，只得拿吃亏是福来安慰自己。

莉莉也跟敏素相同，看得出，就算是部门主管和经理，在处理问题上也不得不考虑别人的面子和利益，在这样的环境下，作为初来乍到的新人，只有先融入圈子，然后再伺机而动。但是莉莉知道，要想在这样的公司脱颖而出，光靠好人缘是万万不行的，必须有拿得出手的业务实力和专业技能，能够拿下别人啃不动的难题才能得到别人的承认。于是平时她和和气气，上到领导下到车间工人，都跟他们打成一片，没事的时候就下基层，了解每一道工序和产品特性。她很快就在改进管理方法、提高质量和产量上积累了自己的一些想法。

敏素和莉莉被分到一个部门，因为两人都懂得怎样迁就别人，使用“从众面具”，所以很快就融入了团队当中。部门的工作量不是很重，可能是因为本部门中“关系户”多的缘故，公司对他们的管理比较松散。敏素发现其实办公室的人没有自己之前想象的那么不好相处，看大家平时嘻嘻哈哈，拉拉家常喝喝茶水，一天的时间也就过去了，真没必要让自己生活在紧张的状态里。

敏素看到在这样宽松的环境中，大家的惰性被激发，就连个人卫生也是这样，办公桌上横七竖八，人们从来都没有在下班之前整理好自己东西的习惯。刚开始的时候敏素还能够洁身自好，但过了一段时间她想反正大家都这样，别人都不做的事自己干吗非要做，又没有硬性要求，所以她很快就端着一杯咖啡加入讨论泡沫剧的同事圈子里去了。

在这样的圈子中，敏素也经常看到莉莉的影子，敏素放了心，更加放开胆子，跟同事们混在一起。直到有一天她听见莉莉对部门一个老员工陈姐说:“陈姐，我们拿下一集的剧情打赌，如果我输了请你吃饭，但是如果你输了怎么办？”

陈姐被莉莉有些俏皮的话逗得一时兴起：“你说怎么办就怎么办。”

莉莉笑着说：“好，那你就教我看 ×× 产品的设计图纸。”

×× 产品是公司新上马的项目，是公司的重点项目，敏素以前只是糊里糊涂地听人说过，从来没想着要自己去研究，再说，身在这样一个冷衙门，研究那些有什么用呢？可是她想不明白，莉莉为什么还要费力不讨好，放着清闲不享，非要去劳神费力。

办公室里的其他人听莉莉这么说，都半开玩笑地夸她上进努力，莉莉不好意思地笑起来。敏素心里有些不是滋味，心想莉莉有什么了不起，这样无非是想博得众人的夸奖罢了。大家怎样自己就跟着怎样，还怕没饭吃吗？

慢慢地，敏素变成了一个没有主见没有想法的人，就算有需要征求意见的事情，人们也不会来问她的意见。开会的时候，就算明明知道人家的决策是不正确的，她也不会表达自己的意见，反正法不责众，就算错也是大家都错，责任划分到自己头上也就几十分之一。后来，在别人表达完意见之后，她甚至都不想再去思考是不是正确，一切看大多数人的意见行事准没错。

在关键问题上，莉莉和敏素却不一样。即使她同意别人的意见，自己也要经过思考再给出同意的答复，让人觉得她的回答不是草率的，是发自内心的；即使不同意别人的观点，她会首先肯定对方意见的价值，然后婉转地提出质疑和改进的意见，不会把自己推到众人的对立面。例如，“你说得没错，我也是这样认为的，但是如果这样把方案给客户，他们是不是不能领会我们的意思，而是想成这个样子……”或者“啊，你太聪明了，我怎么没有想到呢，但是‘智者千虑，必有一失’，让我们再多花点儿时间琢磨琢磨，或许会得出更加完善的方案”。时间一长，大家觉得莉莉是个有头脑有思想的人，一些有挑战的工作慢慢就交给莉莉去做了。

就在敏素浑浑噩噩混日子的时候，莉莉的机会终于来了。她通过平时的学习和对基层生产的熟悉，提出的一系列革新的建议被公司领导看好。公司决定给莉莉升职，在做员工情况调查时，部门所有的人都没有提出质疑。他们认为莉莉本来就是一个非常有头脑的人，跟同事的关系也相处融洽，给她升职天经地义。当领导问到敏素时，敏素看到大家都没有意见，想都没想，习惯性地附和众人投了赞成票，只是心里很不是滋味。

“敏素，你和莉莉是同时入职的，以后莉莉可是你的领导了，你要多多向她请教啊。”领导的告诫让敏素难受了半天。她想不通，当初自己和莉莉同时进入公司，为什么莉莉就能从从众到出众，得到跟自己完全不一样的结果。

请及时修理破损的窗户

走在大街上，也许可以看到路旁刚刚粉刷的墙壁上偶尔有一两处涂鸦，或是被写上了简短广告。隔几天路过这里的时候，稍加留意，你会注意到墙上的涂鸦越来越多，写广告的人也开始肆无忌惮了，一片新墙的命运在无人监管的情况下越来越糟糕。过几天，再次路过时，你或许会惊讶，新墙壁上现在已经被人涂得乱七八糟，墙角垃圾复又重现，这乱七八糟的景象真是有些惨不忍睹。

这当然是一个被夸大的故事，但不难看出“从众”心理对我们日常生活的影响。第一个在新墙上涂鸦的人可能当时没有想到自己作为始作俑者，一个小小的举动竟然改变了一堵墙的面貌，改变了一个区域的命运。他可能只是一时兴起，无心的几笔，落笔之前他或许还担心过是不是会有人出来制止，或者会被人责备。然而当第一个、第二个同样的行为之后，第三个人已经完全没了这样的担忧，到后来甚至发展到凡是路过此地的人如果不在墙上留下点儿纪念就觉得违反常规，人们把这里当作垃圾场。本是不好的、错误的行为，到后来却因为参与众多而演变成公众行为。

这是我们不愿意看到的一种从众模式，但是它在我们的生活中却实实在在地存在着，并时常出现，给生活生产造成极坏的影响。如有人把一栋建筑物的玻璃窗打坏了，破坏者可能是因为不小心，但破损的窗户并没有得到及时修缮，过了今天，意想不到的结果出现了，其他完好的玻璃窗也被人打坏了，甚至有人从打烂的窗户中钻进里面进行偷窃等犯罪行为。一扇破窗造成的无秩序气氛，成了滋生犯罪的温床，这就是在管理学和犯罪学上出名的“破窗效应”。从一定意义上来说，这是消极意义的“从众面具”带给我们的消极影响。

作为企业管理者，怎样应对企业出现的消极从众现象呢？修缮第一扇破损的窗户当然势在必行，但怎样防止有人打破窗户更是应该做足的功课。既然消极“从众面具”可以导致如此严重的后果，我们可不可以以其人之道还治其人之身呢？请看下文冷经理的管理经，或许会让你茅塞顿开。

冷经理刚刚上任没两天，已经被公司的一堆问题缠得焦头烂额了。

几年来，公司经营每况愈下，产品质量不过关，产量也跟不上，客户反映强烈，市场份额被一点点压榨。公司内部秩序混乱，员工士气低下，工作懒散。

两年来，公司接二连三更换经理，抓质量，上产量，攻市场，喝下一服服猛药，可是企业依然如一个积重难返的病人，一点儿也没有好转的征兆。冷经理的上一任在经理的位置上坐了不到三个月就引咎辞职了。冷经理闭门愁了三天，企图理清头绪，找到解决问题的突破口，可惜时间一分一秒地过去，他还是毫无思路。

冷经理站起身，踱步到办公室窗前，望着窗外凝眉深思。还有10分钟的时间才下班，但是当他望向公司大门时，却看到一个工人正在快步朝大门口走去。门口保安懒洋洋地抬起头看了那人一眼，又趴在桌子上。

第一个早退的员工顺利走出公司的大门，紧接着，又有两个员工同样探头探脑，见第一个人已经过关，结伴朝门口走去，保安人员这次连头也没抬，这两个员工顺利过了关。冷经理接着站在窗前朝外看，已经有员工接二连三地走出公司大门，而且挺直腰板，理直气壮，就像下班时间在他们那里已经提前到来一样。距离下班还有5分钟的时候，公司的员工已经走得差不多了。

冷经理茅塞顿开，拳头重重击在办公桌上，他让助理小金把公司的基础管理制度打印出来拿给他。冷经理眼前一亮，为了提升公司形象，规范员工行为，便于检查个人行为，公司的基础管理制度中有上班佩戴工牌的规定。因为没有相应的约束机制，该制度从实施之日起就没有引起员工的重视。刚开始的时候大家图新鲜还会自觉佩戴工牌来上班，时间一长，几个胆大的员工首先不戴工牌，又没有人出面加以制止，更多的人也就把这事当成耳边风，把工牌扔进了抽屉。况且佩戴工牌跟提高产量和质量也没有什么直接关联，管理者也懒怠在这种事情上浪费时间和唇舌。

像这样，形同虚设的一些基本管理制度还有很多，冷经理长叹一声，怪不得公司成了现在这副烂摊子。冷经理仔细思索一下，把小金叫进门说："请通知公司所有部门，明天上班时公司要统一检查员工佩戴工牌的情况。"

小金愣了一下，对冷经理说："现在大家都在为怎样提高产品质量，打开销路冥思苦想，佩戴不佩戴工牌相比之下是再小不过的一件事，为什么要把过多的力气花在这种事情上呢？”

冷经理解释说：“小问题往往是大问题的源头，一栋楼房打碎了一块玻璃，接着就会有人去砸第二块、第三块，直到所有玻璃都被人砸毁，紧接着入室抢劫和偷盗现象将会出现。都是一个人做坏事，后面才有人跟着去做，如果没有人管，错的行为就会普遍化。人在做好事和做坏事上都有从众心理，现在我们以其人之道还治其人之身。”

小金似懂非懂，只是心里犯嘀咕，不知道冷经理到底打的什么算盘。

经过一段时间的观察，冷经理发现不佩戴工牌的员工中，大部分就是上班迟到早退的人。十个中有六七个受过公司违纪处分，两三个是工作极端不认真，出错率高，平时游手好闲的人。

冷经理看了这段时间的检查记录，心中更加有谱了，他问小金对此事有什么看法。小金纳闷，不知道经理看到违纪现象为何这么重视。他说：“不佩戴工牌当然属于违反公司规定的行为，但是即使严重处理了这些人，也难以使我们的产量提上去，我觉得我们在这些事情上过多纠缠是避重就轻。不知道您为什么对这种小事有这么浓厚的兴趣。”

冷经理只说了一句：“那我们就看看这些小事到底是小还

是大吧。”

接下来的一段时间中，冷经理把主要精力放在狠抓公司基础规章制度的贯彻执行上。比如在佩戴工牌的问题上，他责令中层以上的管理人员下到各自分管的基层单位，亲自检查员工佩戴工牌的情况。这样一来，员工从内心感觉到公司在执行日常管理制度时的态度是如何坚决，精神开始紧张起来，不敢再钻管理的漏洞了。

一个月后，公司佩戴工牌出勤的情况大大改善。而戴着工牌大摇大摆迟到早退进出公司大门，是要被工作人员记下名字，算进绩效的。工作中态度懒散，行为懈怠的员工一旦被发现，从工牌上就看到了名字，好多违章行为也得到了收敛。随之出现的连锁反应便是迟到早退现象明显下降，车间生产进入紧张严肃状态，这一个月的产量竟然比上个月增加了近三成。

冷经理趁此机会，将公司多年来一直倡导但从未成功实施的5S管理方法重新提出来，并配套制定了奖惩措施。他还大力推行奖优评优制度，加大对优秀者的奖励，并在公司内部进行优秀员工事迹的宣讲，争做“优秀员工”成了大家努力的目标。

半年之后，公司风气大变，正气压倒邪气，产量提高和质量的改善便是自然而然的结果。

这时，当初不甚理解冷经理决策的其他管理者和助理小金才恍然大悟。小金笑着对冷经理说：“您当初说利用员工的从众心理，简单总结一下就是纠正他们跟随坏行为的思想，再适时树立良好的规范，让大家跟随公司的倡导走。就像来到一个公园里，有人首先吐了一口痰，接着其他人就都效仿起来，久而久之，公园的面目就被改变。而这时候有人站出来开始清理垃圾，并受到表扬，其他人也会跟随其后清理环境，结果公园的环境就焕然一新了。冷经理，您看是不是这个道理？”

冷经理笑着站起来，拍拍小金的肩头说：“确实如此，作为管理者，我们更应该懂得有时修理一扇破损的窗子比盖起另一栋大楼更加重要。”

Tips：“从众面具”使用说明和禁忌

一、“从众面具”使用说明

1. 分清积极从众和消极从众

消极从众就是凡事跟随大流儿，不出头，不殿后，这是职场中一种需要警惕的处事方式。有消极从众心理的人往往会丧失自身的创造能力，打着明哲保身的精明算盘。

从本质的区别来说：消极从众的指向是向外，从众者把注意力集中在外部环境上，而不关心自己的内在需求，时刻准备他动我动，他静我静；积极从众的最终着眼点是内部，表面不离群，但并没丧失了自我主张。

从目的上来区分：消极从众是为了规避给自身带来的风险。消极从众的人认为，从众虽然不好，但至少可以保值。消极从众是一种慢慢腐蚀自身创造性和独立性的心理行为，是我们不提倡的。积极从众的目的是改善人际关系，增强团队凝聚力，让自己变成一个被周围接受、受众人喜欢的人。

从长期效果上看：消极从众跟随大流走，丧失个性和脾性，变成没有意见的和事佬或者“老好人”。积极从众者在和谐的人际关系中保持自己的独创性，往往更容易让他人承认自己的成绩，更容易脱颖而出。

2. 消极从众者，需要掌握拒绝的艺术

消极从众还有一个表现就是不懂拒绝，哪怕大众的决议是错误的，也会紧跟其后认栽。作为大众当中的一员，要想处理好融洽的周边关系，需要注意的便是拒绝的艺术。直白、果断的拒绝方式往往会伤害别人，把自己一直努力营造的良好关系一手捣毁；委婉、智慧的拒绝方式成为消极从众者首先要掌握的一门艺术，有关拒绝的艺术，大家不妨参考本书PartIV部分。

3. 榜样的导向作用

作为管理者，想要掌控好员工的从众心理，最有效的方法便是塑造榜样，榜样相当于公司管理的风向标。比如在提高产量月可以评选“产量之星”；在改善与客户关系中可以评选“微笑之星”。把这张“面具”运用熟练，你会发现员工是牵在自己手里的“马群”，他们的去向要完全看你的指挥。

二、“从众面具”使用禁忌

1. 说服自己戴上“从众面具”

对很多个性很强的职场人来说，说服自己放下个性，戴上“从众面具”是很难的。戴上“从众面具”和你的直言相谏往往是解决同一个问题的不同策略，相当于曲线救国，相当于拐个弯，绕过难处，它的目的还是解决问题，而且避免战火硝烟。如何说服自己，摆正心态是职场人面对“从众面具”时的最初挑战。

2. 大众的眼光并非雪亮

持“从众面具”的人，一定不要迷信“大众的眼睛是雪亮的”这句老话，始终不要丧失自己的独特判断力，避免人云亦云。只有时刻保持清醒的头脑，才能在问题出现的一刻进行积极思考和分辨，拒绝还是从众，就在一念之间。即便是对于大家都赞成的观点也不要轻易附和，而放弃思考。当有人说“大众的眼睛是雪亮的”，他们一定是忘了还有一句话叫“真理往往掌握在少数人手里”。

Part X

恰到好处的炫耀

职场人都怕被别人贴上“当众炫耀”的标签，一向被人们公认的道德准则和好员工的标准便是“低调做人，高调做事”。但是两者之间的界限很难把握，毕竟做人是通过做事来体现的，稍不留神就会被人扣上“炫耀”的帽子。就是因为这样的顾虑，一些本来可以通过自我展现获得发展时机的职场人往往把握不住这样的机遇，让它悄悄从身边溜走，徒留怀才不遇的慨叹。

其实，职场之中不提倡盲目炫耀，更应该禁止自我压制。即使你身怀绝技，如果不说，谁又能知道呢？这个时候的炫耀不应该受到指责，应该是恰如其分的自我营销。谦虚久了的人应该学会怎样运用炫耀这副“面具”，给自己的能力赢得一次实战应用的良机。

有人把职场比作战场，如果把“兵不厌诈”跟职场上的“炫耀面具”做一个比较，我们会发现它们之间有很多相通之处。特别是在初次见面的时候，本该掌握的技能之前却没有接触过，但是这不代表以后你就不能掌握。先从自己之后的经历中预支出这部分经验，对你面前的人说“我能”，赢得机会之后再疯狂补课，把预支的部分通过还贷加以补偿，这种情况事实上就证明“你的确能”。

当初的“一诈”变成“现实”，没有人说你是在出风头。记住，不管是对本来就有的能力的自我营销，还是对之后能力的提前预支，都要掌握一个度，就是一定要在你目前掌握或将来能够掌握的能力范围之内，而不是空手套白狼，最后赔了夫人又折兵。

自信是一种能力

在下面的例子中，我们将看到，绽雯并不是应聘者中实力最强的，但是面试官最后看到了她在场上的“破冰”演讲，以及“我能行”的那份自信。这些使她在诸多素质相当的应聘者中脱颖而出，得到了工作。

当别人不确定你真实的实力，或者对你的实力有所怀疑的时候，特别是在面试的时候，适当的自我炫耀往往会让不了解你的人产生“这个人行，我们可以用”的想法。作为初涉职场的新人，工作经验有限，但缺乏经验不等同于缺乏能力。但是招聘单位为了节约培训成本和缩短员工熟悉工作环境的时间，需要招之即来，来之即能创造价值的员工。职场新人要想在人潮汹涌的应聘队伍中脱颖而出简直太难了，他们一开始便输在了起跑线上。这个时候你需要一副“炫耀面具”，即使怀着害怕被拒的心理，也要勇敢地抬起头来。

记住，面试官的眼光不会穿透“面具”，识破你用自信的眼神说了假话，你应该把这些当成自己的承诺，因为在你得到这次录用机会之后，你会像想象的那样，用自己的努力兑现这些承诺。招聘单位虽然喜欢有经验的员工，但也许更会青睐自信、真诚、有远见的人，因为这些品质是经验所不能替代的一个人最本质的价值标识。不要让自己的准备和努力成为空谈，大胆一些，鼓起勇气，对他们说“我能行！”这或许是鲤鱼在龙门之外的一跃。

兵法有云，“实则虚之，虚则实之”。因此，同“示弱”一样，“炫耀面具”不是假意宣扬自己的能力，把无说成有，把零变成十。这副“面具”只能暂时帮到你，因为炫耀也需要成本，那就是一定要具备将来兑现承诺的能力，不然炫耀就真的成了故意说假话骗人了。要时刻牢记：想要盖成壮观的空中花园，没有地基一切皆是空谈。

先看看绽雯的应聘经历，让你感受一下炫耀这副“面具”是多么有用。

绽雯出身农村，通过自己的努力考上了T市的一所专科大学，学习生物制药专业。绽雯深知来大城市找工作非常困难，尤其是对于像自己这样的外地人。在现在的社会中，高学历者比比皆是，要想找到好一点儿的工作，学历是块敲门砖。所以她学习非常刻苦，通过自己的努力，不但顺利完成了专升本，还通过了研究生入学考试，最终拿到了硕士学位。

这个时候问题又来了，学历不代表一切，绽雯发现，招聘单位在面试要求上不仅要求高学历，更注重工作经验，像绽雯这样的学生，以前的时间都用来读书了，哪里有机会去积累工作经验呢？没有办法，绽雯只能拿着自己的简历，夹在参加招聘会的人群中东奔西走，但基本不见成效。

最后，绽雯试图应聘一些小公司，认为这样的公司要求可能低一些，但是小企业所给的薪水实在很难让绽雯这样一个学历颇高的研究生所接受。绽雯逐渐将精力放在了大企业尤其是外资企业上，她一直认为，大企业尤其是外企更加看重员工的个人能力，这让本就专业知识扎实的绽雯多少安心一点儿。

但是很快，绽雯发现现实和她所想象的完全不一样。大企业严格的聘用流程让绽雯有些措手不及。好几次，绽雯非常顺利地通过了笔试，但在面试环节被刷了下来。这时的她开始总结自己被刷下来的原因。她发现，虽然相对于本科生，自己的专业知识有着绝对优势，但在自我表达能力上，似乎还不如一些本科生。绽雯在大学期间过多地重视自己专业能力的提升，将大量精力放在各种考试上，很少参加学校组织的各类活动。本身性格就有些内向的她，感到一丝无助。

之后绽雯发现，她并不是不知道如何表达自己的想法，只是在面试官问一些需要她确定回答，以及在表现自己的环节中，她没有显得那么自信。因为想到自己没有从业经验，对于岗位要求需要满足的一些技能，虽然看来并不是怎么苛刻，或许自己上岗后一段时间就可以适应了，但是没有做过的事，绽雯还是不敢说“我能行”。

如在一次面试中，她应聘的是有关质检的职位，面试官的题目并不是产品达到什么标准即为合格，而是一旦出现问题作为质检员你会怎样解决；在你以前的从业经历中，遇到类似的情况你是怎样解决的，你从中得到怎样的经验，等等。书本上的知识已经完全不够用，绽雯想自己以前根本就没有工作过，哪里来的从业经验呢？精神一紧张，更加笨嘴拙舌，语无伦次。

这次经历给绽雯留下了很深的印象，虽然是个失败案例，但是让她总结到很多教训，如果不想办法，在下次面试中还会吃同样的亏。她不相信，没有经验的应届生就不能顺利找到一份属于自己的工作。

绽雯向有经验的朋友求教，问他们当初面试的时候是否遇到过同样的难题。一个朋友哈哈大笑之后递给她一样东西，绽雯仔细去看，原来是一副叫作炫耀的“面具”。朋友对她说：“不要不好意思，你不炫耀，机会就会被别人抢走了。现在不会做的工作不等于将来不会做。要自信一点，不然你储备那么多的专业知识从此可要烂在肚子里了。这和卖东西一样的道理，你不吆喝，别人怎么知道你的东西怎么样？你不说出自己的比别人的好，人家凭什么去买你的呢？”绽雯似懂非懂地点点头，她没有别的办法，下定决心，准备在下一次面试中按照朋友说的去做。

之后绽雯来到了另外一家企业，这同样是一家比较大的生物制药公司。这次绽雯做了充分准备。

首先，她完善了自己的简历，丰富了自己的实践活动，重点介绍了她在本科、研究生期间所完成的实验情况，以证明自己有条件胜任该企业实验室的工作。

其次，她虽然没怎么参加过学校的活动，但她努力将仅有的打工经历包装成自己的社会经验，因此假期少有的打工经历也成了她展示自己的素材。

最后，她决定在面试的时候每一个环节都“炫耀”一下自己，让自己成为场上的亮点。

终于，面试的日子到了，绽雯穿得比较正式，试图给面试官一个较好的第一印象。接下来到了她最容易紧张的团体面试环节。这次团体面试有10个人，他们分成两组坐在面试官两侧，绽雯选择了一个谁也不喜欢的距离面试官比较近的位置，她想这样能让对方更清楚地听到自己的发言。

这次的面试较之以前有很大不同。自我介绍环节之后，面试官并没有具体介绍企业的组织结构以及行业未来发展前景，而是一上来便抛给了应聘者一个问题："你们对我们企业所从事的行业有多少了解？"绽雯的本科专业是生物制药，硕士研究方向虽然跟这个有些关系，但并不是完全对口，但是经过前几次面试的失败，她知道自己不能再妄自菲薄了。于是，绽雯第一个举手回答问题："我对这个行业有一定的认识，我在本科学的就是这个专业，硕士研究课题也是就此展开的，所以我曾经看过这个行业的最新研究成果，我认为前景非常好。但是我这点认识不足以构成从事这个行业的全部资本。"她开始边说边打腹稿，把以前学过的、听说的有关此行业的记忆全都搜罗出来，加入自己的看法，哪怕是比较幼稚的意见也一并说出。最后，她自信地说："我在学校组织的实践活动中接触过与贵公司招聘岗位相关的工作，所以我相信如果有机会从事这样的工作，我会继续丰富自己的技能，尽快进入角色，应对岗位带来的挑战。"

与绽雯所想的一样，当她打破了场上有些尴尬的气氛之后，面试官冲着她微微点了点头。面试官问了一个重复的问题："对于你应聘的职位，你觉着你能行吗？"绽雯这时非常坚定地点了点头，说："当然，没有问题。"事实上，绽雯虽然较之另外几个本科生有一点点学历上的优势，但毕竟一同面试的还有比自己专业更对口的硕士，甚至还有两个博士生。回答这句话的时候，她还是有些心虚，手里捏紧了朋友送的那副"面具"。

当接到该公司录用通知时她激动极了，工作后她问起自己的上级，为什么要录用自己，要知道，当时一同前来面试的还有许多比自己学历高的人。上级告诉她，他们正是看中了你的自信和面对问题时的临阵不乱、从容思考的能力。本来刚毕业的应届生不会具备太多的从业经验，这是意料之中的，但是有信心面对未来的挑战才是最重要的。

适时高调才能显露优点

如何在试用期达到业绩评估标准，这是令一些员工尤其是刚进入职场的新人非常头疼的问题。因为这是面临在试用单位去留的严肃问题。因此，通常为期三个月的试用期成了职场新人的头道考验。

试用期的时间相对于一个人的职业生涯来说是短暂的，在短暂的几个月时间内如何表现自己，为最终获胜增添砝码是职场新人继面试关之后，应该考虑的第二个问题。

好的工作岗位，为了加大选择主动权，往往在面试的时候招入比最后留任人数更多的人，便于比较，择优录取。竞争者更不能茶壶里煮饺子，肚中有料倒不出来，怎样用几个月的时间来展示自己？还是要适当运用“炫耀面具”，它会帮你展现自己，让领导、同事能够注意到你的优秀之处，给自己的成功创造机遇。

阿宪就非常懂得抓住机遇，适当夸大自身能力，从而得到了一个自主设计的机会。

阿宪是个不折不扣的职场新人，刚从南方某大学毕业，专业是多媒体制作专业。因为刚刚走出校园，没有过多的职场经验，阿宪的求职道路并不顺利。最后，阿宪凭借着对专业的热情，以及之前做出的一些动画成品，应聘到了一家影视动漫公司从事设计工作。这家公司为阿宪开出的条件是，先做三个月设计助理，如果他能够胜任，试用期结束之后可以独自担任一部分设计工作，如果不能胜任，就另谋高就吧。

虽然暂时找到了工作，阿宪心里并没有轻松多少，试用期的三个人将来要竞争一个转正的机会，他知道三个月后自己将面临另一次宣判，是去是留，就看这三个月自己能下多少功夫了。

阿宪入职的第一天便发现，自己的主管是一个能力非常强的人，因为个人能力强，显得他身边的助理都很平庸，并且喜欢对自己的助理下很多命令，搞得人心惶惶。这让本就有些紧张的阿宪更加感到了职场的艰难，尤其是看到其他助理在主管设计师的高压下唯唯诺诺，他更加迷茫，如何才能突破试用期这三个月，争取到一些自主设计的权力。

刚开始，由于阿宪不能完全理解设计师的意图，所以被批评了很多次。之后阿宪尝试着按照主管的意图进行制作，挨骂的次数减少了，但也没有得到表扬。阿宪想，同样俯首听命，三个月后主管会选择哪一个人留下呢？阿宪通过观察发现，在主管的高压之下，跟他同时分配过来做助理的几个人都有些灰心丧气。他们平时把头压得很低，在主管面前不敢表达自己的意见，久而久之，也许自己也会被他们同化。难道自己这么多年学到的专业技能，对设计独到的见解都将付诸东流了吗？不行，就算别人不给自己机会，他也要自己给自己创造机会，在这几个月的时间里“炫耀”一把，让这位严格的主管看到自己的闪光点。

在一次会议上，主管和大家共同讨论一个策划案的草稿，主管发言过后，没有一个人敢接着开口，一时间会议室的气氛沉默得吓人。阿宪早有准备，因为之前他早就动过脑子，对这个方案确实有一些看法，于是他接过主管的话茬，侃侃而谈，把自己的想法和盘托出。令人意想不到的是，当主管看到他的劳动成果时，并没有大加驳斥，而是笑着说："这个想法可以考虑，只是我们现在做的是公益广告，还是尽量采用现有的风格比较好。如果以后有商业广告，这是个非常好的建议。如果大家都能像阿宪一样积极一些，相信我们的工作会有很大的改观。阿宪所提出的建议没有违背设计的初衷，起到的是锦上添花的作用，说明他完全理解我的设计理念，我非常看好他。"

主管的鼓励让阿宪觉得对方并没有想象的那么可怕，他想假如自己能够找一个合适的机会证明自己的实力，向主管说明自己是最优秀的，那么试用期之后就会转正了。

阿宪决定说干就干，他花了几天时间，综合以前所学和这些天来跟随主管学习的心得，精心制作了一个动漫短片，开始等待机会的出现。

不久后的一天就在开例会的时候，主管要求大家展示自己的工作成果。阿宪看完其他人的短片后，心里有了底，不出所料，这些人还是沿袭了以前的思路，不求创新，但求无过，所以设计中没有什么出彩的地方。阿宪心想自己脱颖而出的机会终于来了。阿宪最后一个做了展示，主管看完他的作品后高兴地说："阿宪的作品非常不错，我从中看到了他的认真努力，善于思考，还有精益求精的上进心，他在作品中敢于大胆尝试以前我们没有用过的思路，这一点就难能可贵。"

最终阿宪顺利通过试用期，在正式工作中，他获得了更多的主动权，而且也得到了主管更多的指导。他庆幸，自己当初选择的那副"炫耀面具"是多么重要，不然自己不可能在助理群中脱颖而出，一下子被主管看中，成为最后留下来的人，而且还能得到主管的真传，他真是太幸运了。阿宪收藏好这副"面具"，一面工作一面寻找机会，以便再次不失时机地戴上它。

少吐槽多"炫耀"

心理学上著名的"晕轮效应"是指"一个人的某种品质，或一个物品的某种特性给人以非常好的印象，在这种印象的影响下，人们对这个人的其他品质，或这个物品的其他特性也会给予较好的评价"。

晕轮效应是一种影响人直觉的重要因素，所谓"爱屋及乌"

就是这种效应的结果。简单地说就是，假如一个人在某个特定方面表现非常好，非常吸引人，那么他的其他方面也会被别人评价为很好。在职场当中，一旦展示出自己某个方面过硬的技能或者过人的品质，那么自己的一些不足很容易就会被掩盖。身处职场的人，能够适当炫耀自己在这个职位上最拿得出手的技能，给人们留下深刻的印象，并且让其他人信服，那么自己比较劣势的其他方面也就瑕不掩瑜、无伤大雅了。

下面这个故事中，安心就是这样一个有真才实学的职场新人。她在职场中经历了一些不愉快的事，纵然自己有着过硬的本领，但是并没有很快得到认可。可以说就是那么一点点性格上的小小瑕疵让安心不能快速进入职场状态。但是安心最终成功让同事了解了自己的工作能力，自己的那一点儿小瑕疵也就显得不那么重要了。安心能在同事面前建立新形象，正是成功运用了炫耀这副“面具”。

安心是一家培训机构的少儿英语教师，她热爱教学，毕业于外国一所著名大学。经过入职培训，安心成了该公司一名少儿英语教师。虽然从助教做起，但是安心依然期待着能够独立教课的日子可以早日到来。但是不到一个月，安心就发现了很多问题。她发现在这家公司很难把一些先进的教学理念应用到课堂上。安心助教的工作，更接近于外教的翻译，这让她多少有一些失望。

安心逐渐发现，这家公司的管理有诸多弊端，如课程安排紧张，教师没有自我发挥的余地，等等。安心是个职场新人，没有过多的职场经验，有问题全部写在脸上，她经常和同事们抱怨公司在管理制度上的不合理之处。过了一段时间，同事们对安心的看法开始起了变化，他们觉得她是一个很爱计较的人，凡事婆婆妈妈，大家都能忍受的问题她却不能放过。更加糟糕的是，同事间的竞争激烈、相互拆台的事情时有发生，有人听到安心对公司制度的意见，把她的话添油加醋地透露给了公司领导。

领导知道安心的抱怨之后，便找安心谈话。领导说："我们的公司比较大，在本市就有好几个校区，许多制度看似不太合理，但是为了规划管理也不得不如此进行，所谓'没有规矩，不能成方圆'。我们希望我们的员工做人做事都要懂得规矩。"虽然领导没有正面批评她，但是安心从中听出了枪药味儿，加之其他同事对待自己的态度忽冷忽热，她便知道是自己一时不小心，把怨气撒出来，破坏了自己在别人心里的形象，致使他们开始怀疑自己一向都很自信的教学能力。

通过这件事，安心觉得自己应该醒悟，必须通过自己优秀的一面改变别人对自己的看法，特别是公司领导的看法，不然自己的职业生涯有可能就出现危机了。安心回到家后，翻箱倒柜，找出自己积累这么多年的教案和资料，还有一副叫作炫耀的“面具”，她眼睛一亮，心里有了底。

安心决定要主动出击，该炫耀自己的时候就要当仁不让，她要让自己耀眼的地方发出足够的光芒，遮盖住被人们看作缺点的部分。她觉得同事们并不了解她的职业水平，只要自己能通过一些事证明“我的水平非常强”，那么身上一些小的缺点也就显得不那么重要了。

没想到安心刚刚有了这个想法，她就被公司调离第一线，到二线做课程研发的工作了。在别人看来这是因为领导不器重故意安排她去做一些不紧要的工作，但是安心却不那么想，她觉得只要自己有实力，到哪个部门都可以展示，所以她并没有灰心丧气，而是抱定要一展才能的决心，只是等待一个时机。

一天，领导交给安心一份别人都不愿意去做的工作，就是与外教主管联系，准备开发新的课程。和外国人打交道毕竟不像跟自己熟悉的同事，双方之间存在的文化差异往往会导致沟通复杂，课题难以进行。安心却把这件事做得分外开心，她是故意要把领导的目光吸引到自己身上，以便展开下一步计划。领导有些纳闷，终于问她：“你不觉得有什么困难吗？”

安心摇了摇头，说：“真的不太难，因为外教主管的理念和我的教学理念非常接近，我们聊得很开心。不过我觉得我应该做一个演讲，向其他老师阐明新课程开发的意义。”安心想，这么说不仅仅是可以让其他老师理解这些理念，更重要的是她想让那些曾经对自己印象不好的同事见到自己的优秀之处，从此改变他们看待自己的眼光。

安心查阅了大量资料，开始精心准备，这是她一鸣惊人的好机会，她深知这次机会的重要性，因此铆足了劲，把各个环节都准备得几近完美。在设计最后的演示课件的时候，她没有使用公司其他老师都熟悉的PPT，而是另辟蹊径，应用了一款新式的教学软件。

演讲的日子到了，教室里坐着十几个老师和助教，老板和外教主管也来听她的演讲。安心非常自信地走上讲台，拿出自己的电脑，说：“我使用了一个非常好的教学软件，只是在公司还没有普及，我只能用自己的电脑播放我的内容。”她感到了同事们的一丝不屑，但是当她真正开始播放内容的时候，同事们脸上的表情开始发生变化。当她结束演讲的时候，同事们虽然没有掌声，也没有什么特别积极的评论，但她可以感到同事们对她的肯定。过了一会儿，公司领导竟带头鼓起掌来，其他同事也跟着领导给她鼓掌。领导当众表扬了安心，其他同事也对她刮目相看。

通过这次演讲，同事们认可了安心的做事能力，安心和同事们的关系也渐渐改善起来，他们已经开始中午经常一起吃饭了。以后同事们提起安心，都说她是一个业务能力非常强的人，没有人再说她爱抱怨的事了。安心借此契机，有意与同事们多交流，凡事不拘小节，有问题婉转提出，不再把怨气挂在嘴边，她在公司的口碑越来越好，并且连续两次被评为公司的标兵，不久就调回教学一线了。

Tips：“炫耀面具”使用说明和禁忌

一、“炫耀面具”使用说明

1. 发现“炫耀”的资本

既然是“炫耀”，最基本的前提是要有炫耀的资本，并非腹中草莽；炫耀的成果就是得到别人认可，而不是被别人指责为说大话、吹牛皮；炫耀也并非恶意夸大，把无说成有。如第一个故事，绽雯虽然缺乏从业经历，但是她并不缺少扎实的专业知识和日后通过努力掌握岗位技能的决心，所以她的炫耀是当仁不让的，是恰如其分的。阿宪的案例也告诉我们，在炫耀之前需要具备炫耀的资本，你才有提出独立见解的底气。而当资本具备的时候，你只是需要等待一个合适的时机。

2. 抓住“炫耀”的时机

恶意的炫耀不是一个好习惯，再优秀的人，每天都费尽心机在别人面前炫耀，也会招致人们的白眼。因此炫耀的时候，抓住时机非常重要。这种时机会让你一击即中，将自己的优势展现无遗。

通常来说，你抓住的时机恰是被别人忽视掉的，冷不防让对方眼前一亮，那么你取得的效果将是最明显的。如第二个例子中的阿宪，当其他人都只是奉旨去进行工作，对工作失去热情和创造性的时候，有匹黑马却半路杀出，把工作做得很出色，怎不令人刮目相看？再如，当安心的工作发生调动时，领导本来认为她做不好的工作却被她做得非常好，很难不让领导眼前一亮。

3. 尽量“炫耀”别人不具备而自己独有的方面

如果炫耀别人都有的，那就没意思了。试想安心炫耀自己教学的年限、阿宪炫耀自己制作视频的经验，当然就是无谓的。炫耀与众不同的方面，挖掘自己的潜力，才能让自己变得突出，变得与众不同。

4. 与上级保持一定的距离

谁都知道“距离产生美”，在人际交往中，假如一个人被过分了解，那么他不好的一面一定会被人识破。所以，当你“炫耀”成功之后，也要尽量与上级保持一定的距离，让“晕轮效应”继续下去。

二、“炫耀面具”使用禁忌

1. 不能经常“炫耀”

既然是“面具”，那么它终究不能反映一个人最本质的一面。我们都知道，一个人即使伪装得再好，也不可能完全不露出破绽。“炫耀面具”更是这样，如果经常做一些不必要的炫耀，那么必然适得其反。

2. 直接炫耀不如让别人帮忙炫耀

直接炫耀自己的才能，往往让别人产生“油嘴滑舌”“腹内草莽”的看法。反之，如果让别人看到自己的长处，通过别人的嘴向更多的人散播自己的优点，会大大增加成功的概率。

后 记

常听身在职场的朋友这样抱怨:“我怎么就不行呢?”其实,有些时候,并非我们工作不努力,而是因为不是所有的投入都有产出,在投入和产出之间,我们一直忽视了一个重要的经营环节,那就是做事的方式。

职场是人的职场,做事的方式也大多是与人打交道的方式,管理学强调,所有资源与活动都是以人为中心的,可见人的因素至关重要。人很难摆脱感性的特质,所以也就不能在任何场合都用既定的量化标准去衡量人际关系。

举个例子说,机械制造中对毛坯的质量必然有硬性要求,达到检测的数据标准方为合格,但是对于一个早晨刚刚来上班的员工,你无法考察他是怀着一个怎样的心情来上班的。然而,员工在工作时的心情可以对企业生产产生至关重要的影响。愉快的心情和糟糕的心情可以直接反映到产品的质量和生产的进度上。怎样让员工心情愉快,让工作的氛围轻松和谐,让自己的建议被周围人接受，这些都是我们在研究做事的方式时需要仔细思考的。

从心理学的角度出发，每个人都有让别人接纳的愿望，即便是那些沉默寡言、喜欢离群索居的人，也在潜意识里隐藏了希望博得别人认可的愿望。我们发现，职场中很多人之所以成绩欠佳，并不在于他们的专业技能水准高低，而很可能是他们为人处世的方式不被别人认可，从而很难发挥原本的特长。

所以我们要研究怎样做，才能使自己游刃有余地融入人际关系中。

每个人生来都有独特的个性，日积月累形成性格。所谓“金无足赤，人无完人”，一个人不可能同时具备所有优秀的品质，而凡是优秀的品质，都是人们希望拥有的。所以即使不具备，你也要说服自己去添加，因为其中的某个品质确实能为你处理某类棘手事件，或者摆脱某种麻烦创造机会。

在本书中，这一个个优秀的品质被具象成一副副“面具”，成为职场人不可或缺的成功法宝。需要微笑时，再严整肃穆的脸也应该绽放灿烂的笑容；需要容忍时，再争强好胜的性格也要从容镇定；需要赞美时，再寡言沉默的人也不能吝啬由衷的抒情。这些都是社会关系折射出来的对人的要求。

如果你正是缺少这几副“面具”的职场人，不妨去对照自己以往的职业经历，那些让自己失败的时刻，看看如果当时有相应的修饰，你的表情会更合时宜，事态的发展也不会一味跑偏？

荣格认为，运用“人格面具”能够得到别人的认可，这也是一个人成熟的标志，这是“人格面具”积极的一面。即使是资深管理人员，如果在该笑的时候不笑，该忍的时候不忍，那也不能被视为一名成熟的职场人，至少，他的抽屉当中，是应该常备几副“面具”的。

本书把各种“面具”的使用方法设置到具体的案例情境中，方便读者分析和参考。在每章之后，附有每种“面具”的使用说明和使用禁忌，简洁明了地告诉读者在“面具”使用过程中需要注意的细节，如同药物说明书，告诉读者该药品的特性和功能，以及服用禁忌。

当然，作为职场正能量的“人格面具”，应该还有更加丰富的内容，本书只是汲取了其中常见常用而又普遍缺失的几种，希望聪明的读者能够举一反三，真正懂得换一副表情，轻松应对职场难题的各种法则。